하루 한 끼, 샐러드 200

촬영 후쿠이 유우코 福井裕子

디자인 야기 다카에 八木孝枝

스타일링 기무라 하루카 木村遥

편집 오오타 나츠미 太田茉津美 (nikoworks)

요리어시스턴트 세키자와 마나미 関沢愛美

제작협력 Oisix ra daichi (オイシックスドット大地株式会社), AWABEES, UTUWA

YASAI TO EIYOU TAPPURI NA GUDAKUSAN NO SHUYAKU SALAD 200
ⓒ Edajun 2018
Original Japanese edition published by Seibundo Shinkosha Publishing Co., Ltd.
Korean translation rights arranged with Seibundo Shinkosha Publishing Co., Ltd.
through The English Agency (Japan) Ltd. and Duran Kim Agency.

몸이 가벼워지는 습관 ————

하루 한 끼, 샐러드 200

salad

에다 준 지음 · 김유미 옮김

로지

잎채소의 신선함과 아삭아삭 씹히는 소리, 뿌리채소를 베어 물었을 때 느껴지는 식감!

보기만 해도 아름다운 형형색색의 채소는 생으로 먹으면 재료 본연의 맛을 느낄 수 있고, 굽고, 볶고, 찌고, 절이는 등 조리법만 바꿔도 다양하게 변할 수 있습니다. 이처럼 샐러드를 만드는 건 즐거운 일이죠.

재료의 감칠맛을 살린 섬세한 샐러드부터 고기 또는 생선을 곁들인 풍성한 샐러드까지 다양한 레시피를 담았습니다. 드레싱과 토핑 레시피도 더했고요. 건강한 식생활이 필요할 때나 매일의 식단이 고민될 때 이 책을 한 장씩 넘겨보세요. 몸이 건강해지고 속이 든든해지는 맛있는 레시피를 만날 수 있습니다. 샐러드가 당신의 식탁에서 주인공이 된다면 더없이 기쁠 것입니다.

에다준

이 책의 사용법 · 10

샐러드를 맛있게 만드는 노하우 · 11

PART 1 양식 샐러드

양송이버섯 루콜라 레몬 샐러드 · 14

토마토 안초비 샐러드 · 16

순무 흰강낭콩 민트 버터 샐러드 · 18

아스파라거스 단호박 고르곤졸라 샐러드 · 20

구운 양배추 베이컨 바냐 카우다 샐러드 · 22

터키식 베이컨 가지 샐러드 · 24

양송이버섯 파르시 샐러드 · 26

시금치 만가닥버섯 아히요 샐러드 · 28

적양파 생햄 마리네이드 · 30

병아리콩 파슬리 프렌치 샐러드 · 31

감자 콜리플라워 스위트칠리 샐러드 · 32

5가지 재료가 담긴 콥샐러드 · 34

시저 샐러드 · 36

연근 새송이버섯 제노바 샐러드 · 38

적양배추 당근 샐러드 · 40

갈릭 토스트 판자넬라 샐러드 · 41

고구마 닭봉 치즈 샐러드 · 42

치킨난반풍 타르타르 샐러드 · 44

나폴리풍 카포나타 샐러드 · 46

카망베르치즈 그릴 치킨 샐러드 · 48

방울양배추 감자 안초비 버터 샐러드 · 50

토란 초리소 홀머스터드 샐러드 · 51

옥수수 살사 치킨 샐러드 · 52

민트 미트볼 브로콜리 샐러드 · 54

베이비콘 돼지고기 토마토 칠리 샐러드 · 56

당근 로스트 포크 잡곡 샐러드 · 57

타코라이스풍 반숙달걀 샐러드 · 58

그릴 스테이크 와사비 마스카르포네 샐러드 · 60

소고기 방울토마토 발사믹 샐러드 · 62

콘 비프 로즈마리 저먼 포테이토 샐러드 · 64

새우 아보카도 명란 마카로니 샐러드 · 66

레몬 갈릭 쉬림프 샐러드 · 68

명란 게맛살 카르보나라 파스타 샐러드 · 70

오징어 래디시 해산물 샐러드 · 72

잔멸치 양상추 페페론치노 샐러드 · 74

연어 세비체 · 76

오일 정어리 고수 샐러드 · 77

청새치 치즈 프라이 샐러드 · 78

하와이풍 포키 샐러드 · 80

Special 1
샐러드를 더 맛있게 즐기는 방법, 홈메이드 드레싱 · 82

PART 2 일식 샐러드

전갱이 톳 마늘 샐러드 · 92

방어 경수채 샐러드 · 94

대구 누룩소금 마요 샐러드 · 95

굴 겨자잎 샐러드 · 96

표고버섯 이리 폰즈 버터 샐러드 · 98

양배추 바지락 술찜 샐러드 · 100

무순 잔멸치 흑초젤리 샐러드 · 102

문어 셀러리 와사비 마요 샐러드 · 103

가리비 무 날치알 샐러드 · 104

뿌리채소 참치 김 마요 샐러드 · 104

검은깨 치킨 쪽파 샐러드 · 106

노자와나 닭안심 파소금 샐러드 · 108

미소된장 닭안심 배추 샐러드 · 110

여주 양배추 다시마 샐러드 · 112

물냉이 쑥갓 샐러드 · 113

레몬 데리야키 치킨 샐러드 · 114

양배추 츠쿠네 샐러드 · 116

브로콜리 앙카케 샐러드 · 118

고기 숙주 반숙달걀 샐러드 · 120

구운 파 닭똥집 유자후추 샐러드 · 122

우엉 닭날개 샐러드 · 124

쑥갓 소고기 타다키 청귤 샐러드 · 126

연근튀김 소고기 샐러드 · 128

소고기 샤부샤부 아보카도 샐러드 · 130

돼지고기 샤부샤부 가지 명란 무즙 샐러드 · 132

참마 미역귀 돼지고기 샤부샤부 샐러드 · 134

돼지고기 갓 절임 명란젓 샐러드 · 135

생강구이 샐러드 · 136

이부리갓코 간장달걀 감자 샐러드 · 138

오이무침 고수 샐러드 · 140

스틱 채소 샐러드 · 141

채소튀김 유자 샐러드 · 142

순무와 4가지 향신채소 샐러드 · 144

낫토 멜로키아 하루사메 샐러드 · 146

죽순 두부튀김 샐러드 · 148

낫토 양배추 다시마 마요 샐러드 · 149

미나리 구운 어묵 샐러드 · 150

아보카도 버섯 샐러드 · 152

잎새버섯 감자 샐러드 · 154

풋콩 톳 우메보시 샐러드 · 155

Special 2
건강한 맛을 지키는 채소 보관법 · 156

PART 3 한식·중식 샐러드

보쌈 양념 샐러드 · 162

돼지갈비 김치 샐러드 · 164

소고기 미역 쌈장 샐러드 · 166

깻잎 돼지고기 샤부샤부 샐러드 · 168

물냉이 흰살생선 샐러드 · 169

숙주 돼지고기 흰깨 산초 샐러드 · 170

삼겹살 쌈 샐러드 · 172

마늘종 다진 고기 샐러드 · 174

불고기 샐러드 · 175

소고기 목이버섯 잡채 샐러드 · 176

고수 유린기 샐러드 · 178

방방지 샐러드 · 180

치즈 닭갈비 양상추 샐러드 · 182

가지 양념치킨 샐러드 · 184

새우 칠리 샐러드 · 186

쑥갓 꽁치튀김 김치 샐러드 · 188

연어 난반 샐러드 · 190

잎새버섯 건새우 샐러드 · 192

경수채 벚꽃새우 샐러드 · 193

해산물 샐러드 · 194

당근 무말랭이 샐러드 · 196

배추 연두부 명란 샐러드 · 197

우엉 킨피라 샐러드 · 198

유부 겉절이 샐러드 · 200

공심채 완두순 마늘 샐러드 · 202

자차이 대파 햄 샐러드 · 203

줄기콩 오크라 두시 샐러드 · 204

흰깨 양배추 샐러드 · 206

PART 4 에스닉 샐러드

똠얌꿍 감귤 샐러드 · 210

물냉이 소고기 얌느어 샐러드 · 212

경수채 생햄말이 · 213

베이비콘 닭고기 커민 샐러드 · 214

케이준 치킨 샐러드 · 216

그린파파야 솜탐 샐러드 · 218

고수 양고기 샐러드 · 219

죽순 돼지고기 오리엔탈 샐러드 · 220

채소 가파오 샐러드 · 222

인도네시아식 가도가도 샐러드 · 224

무마나우 샐러드 · 226

베트남식 딜 전갱이 샐러드 · 227

스위트칠리 치킨 샐러드 · 228

오크라 치킨 땅콩버터 샐러드 · 230

그린카레 얌운센 · 232

대만식 양상추 소보로 샐러드 · 234

연어 망고 샐러드 · 236

참치 카레 양상추 쌈 · 237

터키식 고등어튀김 샐러드 · 238

Special 3
샐러드에 맛을 더하는 10가지 토핑 · 240

PART 5 과일·채소 샐러드

키위 코코넛 돼지고기 샐러드 · 246

오렌지 소송채 샐러드 · 248

자몽 가리비 마리네이드 · 249

멜론 로스트비프 샐러드 · 250

딸기 물냉이 코티지치즈 샐러드 · 252

감 루콜라 샐러드 · 253

사과 밤 감자 샐러드 · 254

파인애플 고수 샐러드 · 256

샤인머스캣 카프레제 샐러드 · 258

금귤 고수 샐러드 · 259

물냉이 다시마 샐러드 · 260

방울토마토 꿀 고추장 샐러드 · 260

배추 코울슬로 · 262

셀러리 머스터드 비니거 샐러드 · 263

주키니호박 로즈마리 마리네이드 · 264

브로콜리 안초비 마요 샐러드 · 266

탄두리 콜리플라워 샐러드 · 266

연근 마늘 샐러드 · 268

피망 마늘 버터 샐러드 · 269

단호박 땅콩 샐러드 · 270

흰강낭콩 딜 샐러드 · 272

양송이버섯 명란 마요 샐러드 · 273

아스파라거스 딜 타르타르 샐러드 · 274

대만식 줄기콩 샐러드 · 276

풋콩 가다랑어포 샐러드 · 277

아시아풍 콩나물무침 · 278

우엉 김치 샐러드 · 279

토란 샐러드 · 280

토마토 카망베르치즈 가다랑어포 샐러드 · 282

오크라 흰깨 미소된장 샐러드 · 283

Special 4
4가지 버섯으로 만드는 다양한 샐러드 · 284

분량 표기

• 1작은술은 5ml, 1큰술은 15ml입니다.

• 적은 양은 '약간'으로 표기했습니다. 엄지와 검지로 한 자밤 집은 양입니다.

• '적당량'은 기호에 따라 분량을 가감하세요.

식재료 선택

• 버터는 무염버터를 사용했습니다.

• 올리브오일은 엑스트라 버진 올리브오일을 사용했습니다.

• 기본 조미료는 별도의 설명을 기재하지 않은 경우, 미소된장은 혼합된장, 간장은 진 간장, 설탕은 흰설탕을 사용했습니다.

• 채소류는 별도의 설명을 기재하지 않은 경우, 씻거나 껍질을 벗기는 등의 밑 손질을 한 다음 레시피대로 만들어주세요.

도구 사용법

• 이 책에서는 전자레인지 겸용 오븐을 사용했습니다. 기종이나 브랜드에 따라 온도 및 조리 시간이 다를 수 있으니 표기된 시간을 기준으로 상태에 맞춰 조절하세요.

• 전자레인지의 조리 시간은 600W 제품을 기준으로 했습니다. 500W 제품 사용시 시간을 1.2배로 조절하세요.

• 오븐 토스터의 조리 시간은 1000W 제품을 기준으로 했습니다.

보관법

• 냉장고의 성능이나 보관 환경에 따라 재료의 상태가 달라질 수 있습니다. 표기된 보관 기간을 기준으로 가능한 빨리 섭취하는 것을 권유드립니다.

열량 계산법

• 열량은 총 칼로리를 최대 인분 수로 나눈 1인분 기준으로 기재했습니다.

샐러드를 맛있게 만드는 노하우

채소를 써는 방법이나 조리법을 바꿔 만들어도 좋아요.
완벽하게 밑 손질 작업을 해두면 만들기가 한결 쉬울 뿐만 아니라 맛도 좋아져요.

잎채소는 얼음물에 담가 식감을 살려요

잎채소를 썰거나 찢은 다음 3~5분간 얼음물에 담그면 잎이 싱싱해지고 식감도 아삭해져요. 너무 오래 담그면 흐물흐물해질 수 있으니 주의하세요.

잎채소의 물기는 완전히 제거해요

잎채소에 물기가 남아있으면 정성껏 만든 샐러드와 드레싱의 맛이 밍밍해져요. 드레싱이 묽어지면 많은 양을 뿌리게 되므로 물기는 최대한 빼주세요.

식감이 살아있는 재료를 더해요

고기 또는 생선 등 씹는 재미가 있는 재료를 곁들이면 든든한 한 끼 식사 메뉴로 변신해요. 견과류나 크루통 등 토핑을 올려도 좋아요.

식재료를 똑똑하게 썰어요

필러: 필러를 사용해 얇게 썰면 적은 양으로도 샐러드의 볼륨감이 더해져요. 리본처럼 화려하게 장식할 수 있어 손님 초대 요리에 활용하면 좋아요. → 양송이버섯 루콜라 레몬 샐러드(p.14) 등

깍둑썰기: 깍둑썰기하면 식감이 살아나 입 안 가득 다양한 재료의 풍미를 느낄 수 있어요. 특히 숟가락으로 먹는 샐러드에 이 방법을 사용해보세요. → 아보카도 버섯 샐러드(p.152) 등

어슷썰기: 채소를 어슷하게 썰면 속의 단면이 넓게 드러나 샐러드를 화사하고 싱그럽게 만들어요. 표면적도 커져 씹는 즐거움도 있답니다. → 마늘종 다진 고기 샐러드(p.174) 등

손으로 찢기: 잎채소를 손으로 찢으면 잘린 부분의 면적이 넓어져 드레싱이 잘 배어요. → 채소 가파오 샐러드(p.222) 등

양식 샐러드

고기 또는 생선을 곁들여도 좋고, 채소를 주재료로 한 건강식으로
만들어도 좋아요. 손님 초대 요리로도 제격이랍니다.

양송이버섯 루콜라
레몬 샐러드

1인분
94
kcal

ingredients (2~3인분)

양송이버섯(흰색)	3개
루콜라	1줌(60g)
당근	1/2개(75g)
허니 레몬 마리네이드(p.242)	20g
생햄	6장
파인애플 드레싱(p.88)	2큰술

1 양송이버섯은 젖은 면포로 표면의 먼지를 닦아낸 다음 2mm 두
   께로 얇게 썬다. 루콜라는 3cm 길이로 썬다. 당근은 필러로 얇게
   슬라이스한다.

2 볼에 1, 허니 레몬 마리네이드를 넣고 버무린 다음 그릇에 담는
   다. 생햄을 올리고 파인애플 드레싱을 뿌린다.

memo 양송이버섯은 보통 익혀서 먹지만 별도의 조리를 하지 않고 생으로 먹어
도 좋답니다. 단, 사용 전에 젖은 면포로 표면을 깨끗이 닦아주세요.

토마토 안초비 샐러드

ingredients (2~3인분)

토마토 ······················ 3개(300g)

적양파 ···················· 1/6개(25g)

| 마늘 ····················· 1/2톨(3g)
| 안초비 필레 ················ 2장
A
| 화이트와인 비니거 ······· 1큰술
| 올리브오일 ··············· 2큰술

소금 ···························· 약간

흑후추(굵게 간 것) ············· 약간

1 토마토는 냉장고에 넣어 차갑게 식힌 다음 1cm 두께로 썬다. 적
  양파는 잘게 다져 물에 5분간 담갔다가 꺼내 물기를 뺀다. 재료 A
  의 마늘은 갈고 안초비 필레는 잘게 다진 다음 재료 A를 모두 섞
  는다.

2 그릇에 토마토를 시계 방향으로 돌려가며 담고 소금, 흑후추를 뿌
  린다. 적양파를 올리고 준비한 A를 골고루 뿌린다.

memo 토마토는 썰기 전에 차갑게 해주세요. 토마토가 차가워지면 단맛이 살아
      나 안초비의 짭짤한 맛과 조화롭게 어우러진답니다.

순무 흰강낭콩
민트 버터 샐러드

1인분
231
kcal

1 닭안심은 힘줄을 제거한다. 냄비에 넉넉한 물과 소금(2작은술, 분량
  외)을 넣고 끓어오르면 불을 끈 다음 닭안심을 넣고 뚜껑을 덮어
  10분간 둔다. 닭안심을 꺼내 먹기 좋은 크기로 썬다.

2 순무는 물로 깨끗이 씻어 밑동의 흙을 제거하고 세로로 6등분해
  빗모양썰기한다. 흰강낭콩은 물기를 완전히 뺀다. 레몬은 3mm
  두께로 둥글게 썬다.

3 냄비에 버터를 녹이고 순무를 넣어 중간 불에서 노릇해질 때까지
  볶다가 물, 화이트와인을 넣는다. 끓기 직전에 약한 불로 줄이고
  흰강낭콩을 넣어 살짝 끓이다가 콩소메 수프 베이스를 넣는다.

4 3에 1, 레몬을 넣고 30초간 가열한 다음 그릇에 담는다. 스피어민
  트 잎을 올리고 흑후추를 뿌린다.

memo 순무는 표면이 노릇해질 때까지 골고루 볶아주세요. 시간을 들여 정성껏
     볶아야 순무의 단맛이 배어 나와 맛이 한층 깊어져요.

ingredients (2〜3인분)

닭안심	2쪽(200g)	물	100ml
순무(작은 것)	3개(120g)	화이트와인	1큰술
흰강낭콩(삶은 것)	100g	콩소메 수프 베이스(과립)	1작은술
레몬	1/2개	스피어민트 잎	적당량
버터	30g	흑후추(굵게 간 것)	약간

아스파라거스 단호박 고르곤졸라 샐러드

1인분
288
kcal

ingredients (2~3인분)

아스파라거스	6개	올리브오일	2작은술
단호박	200g	버터	15g
호두	10개	고르곤졸라	30g
A 생크림	50ml	B 꿀	1작은술
박력분	1작은술	흑후추(굵게 간 것)	약간

1 아스파라거스는 밑동을 제거하고 아래쪽 1/3지점까지 필러로 껍질을 벗긴 다음 3등분으로 어슷썰기한다. 단호박은 껍질째 7mm 두께로 썬다. 호두는 굵게 다진다. 볼에 재료 A를 모두 넣고 섞는다.

2 프라이팬에 올리브오일을 두르고 아스파라거스, 단호박을 넣어 중간 불에서 노릇해질 때까지 볶은 다음 그릇에 담는다.

3 냄비에 버터를 녹이고 준비한 A를 조금씩 넣으며 약한 불에서 걸쭉해질 때까지 젓는다. 점성이 생기면 재료 B를 모두 넣고 고르곤졸라가 완전히 녹을 때까지 끓인다.

4 2에 3을 뿌리고 호두를 곁들인다.

memo 아스파라거스가 가진 풍부한 아스파라긴은 영양제 등에 사용될 정도로 피로 해소 효과가 뛰어나요. 피곤할 때 먹으면 힘이 나는 샐러드랍니다.

구운 양배추 베이컨
바냐 카우다[*] 샐러드

1인분
250
kcal

ingredients (2~3인분)

양배추	1/4개
베이컨(슬라이스)	6줄
A ┌ 마늘	1/2톨(3g)
│ 안초비 필레	2장
│ 생크림	2큰술
└ 올리브오일	1과 1/2큰술
참기름	1큰술
청주	2큰술
파르메산치즈(가루)	적당량

1 양배추는 세로로 2등분한다. 베이컨은 2등분한다. 양배추 잎을 가볍게 벌리고 사이사이에 베이컨을 1장씩 골고루 끼워 넣는다.

2 재료 A의 마늘은 갈고 안초비 필레는 잘게 다진 다음 재료 A를 모두 섞는다.

3 프라이팬에 참기름을 두르고 양배추를 썰린 면이 밑을 향하도록 올려 중간 불에서 2~3분간 굽는다. 밑면이 노릇해지면 뒤집고 청주를 넣은 다음 뚜껑을 덮어 3~4분간 찌듯이 익힌다.

4 그릇에 3을 담고 파르메산치즈를 뿌린 다음 준비한 A를 곁들인다.

* 바냐 카우다: 마늘, 안초비, 올리브오일 등으로 만들어서 뜨겁게 먹는 이탈리아 디핑 소스

memo 양배추 잎 사이사이에 베이컨을 넣어 밀푀유 형태로 만든 샐러드예요. 포크와 나이프로 썰어서 먹어보세요.

터키식 베이컨 가지 샐러드

ingredients (2~3인분)

가지 ····························· 4개		올리브오일 ···················· 4큰술	
통 베이컨 ······················· 30g		토마토케첩 ·············· 1큰술	
토마토 ···················· 1/2개(50g)		콩소메 수프 베이스(과립) ·· 1/2작은술	
양파 ····················· 1/2개(100g)	A	소금 ························· 약간	
마늘 ························· 1톨(6g)		흑후추(굵게 간 것) ········· 약간	
고수 ························· 1줄기		칠리파우더(생략 가능) ·· 1작은술	

1 가지는 줄무늬 모양이 되도록 필러로 길게 껍질을 벗긴 다음 물에 20분간 담갔다가 꺼내 물기를 완전히 제거한다. 베이컨, 토마토는 사방 5mm 크기로 깍둑썰기한다. 양파, 마늘은 잘게 다진다. 고수는 2cm 길이로 썬다.

2 프라이팬에 올리브오일(3큰술)을 두르고 가지를 나란히 올린 다음 뚜껑을 덮어 약한 불에서 노릇해질 때까지 천천히 굽는다. 중간에 뚜껑을 열고 가지를 뒤집어가며 골고루 익혀 그릇에 담는다.

3 2에서 사용한 프라이팬에 올리브오일(1큰술)을 두르고 마늘을 넣은 다음 약한 불에서 볶다가 마늘 향이 나면 베이컨, 양파를 넣는다. 양파가 투명해지면 토마토, 재료 A를 모두 넣는다.

4 가지에 세로로 길게 칼집을 넣고 속에 3을 채운다. 이때 가지를 완전히 자르면 속재료가 새어 나오므로 주의해야 한다. 다시 가지를 프라이팬에 넣고 가지의 1/2지점까지 물을 채운 다음 뚜껑을 덮어 중간 불에서 물기가 사라질 때까지 천천히 조린다. 그릇에 담고 고수를 올린다.

memo 유명한 터키식 가정 요리예요. 칠리파우더를 넣어 이국적인 향을 지닌 샐러드로 만들었어요.

양송이버섯 파르시* 샐러드

ingredients (2~3인분)

양송이버섯(갈색) ················ 8개

적양파 ·················· 1/6개(25g)

| 참치 통조림(마일드) 1/2캔(40g)

A 크림치즈 ·················· 40g

| 흑후추(굵게 간 것) ··· 1/3작은술

| 빵가루 ···················· 1큰술
B
| 파슬리가루 ············· 1작은술

시금치(샐러드용) ················ 30g

당근 드레싱(p.83) ········ 1~2큰술

1   양송이버섯은 젖은 면포로 표면의 먼지를 닦아낸 다음 손으로 기
    둥을 떼어낸다. 적양파는 2mm 두께로 얇게 썬 다음 물에 5분간
    담갔다가 꺼내 물기를 뺀다. 재료 A의 참치는 물기를 완전히 제거
    한 다음 재료 A를 모두 섞는다.

2   양송이버섯 뒷면에 준비한 A를 1cm 높이로 채우고 재료 B를 모
    두 섞어 골고루 뿌린다. 오븐 토스터에 넣고 표면이 노릇해질 때
    까지 굽는다.

3   그릇에 시금치와 적양파를 깔고 2를 담은 다음 당근 드레싱을 곁
    들인다.

* 파르시: 다진 고기와 채소로 속을 채운 프랑스 요리

memo   갈색 빛이 돌 때까지 빵가루를 구우면 고소한 향이 더해져요. 갈색 양송
       이버섯을 흰색 양송이버섯으로 대체해도 좋아요.

시금치 만가닥버섯
아히요* 샐러드

1인분
156
kcal

ingredients (2~3인분)

시금치 ·····················	3줌(150g)
만가닥버섯 ···············	1팩(100g)
마늘 ·······················	2톨(12g)
홍고추 ·····················	1개
올리브오일 ················	2큰술
오일 정어리 통조림 ····	1/2캔(50g)
소금 ·························	약간
흑후추(굵게 간 것) ··············	약간

1   시금치는 4cm 길이로 썬다. 만가닥버섯은 밑동을 제거하고 손으로 먹기 좋은 크기로 나눈다. 마늘은 얇게 편썰기한다. 이때 가운데 심은 이쑤시개로 제거한다. 홍고추는 씨를 빼고 송송 썬다.

2   프라이팬에 올리브오일을 두르고 마늘, 홍고추를 넣어 약한 불에서 볶다가 마늘 표면에 갈색 빛이 돌면 마늘, 홍고추를 그릇에 덜어낸 다음 만가닥버섯을 넣어 중간 불에서 부드러워질 때까지 볶는다.

3   2에 시금치, 정어리를 넣고 정어리 살을 적당히 으깬다. 시금치의 숨이 죽을 때까지 볶다가 소금, 흑후추로 간을 한 다음 마늘, 홍고추를 다시 넣어 섞는다.

* 아히요: 스페인 마늘 소스

memo   시금치는 철분 성분이 풍부해 100g 정도만 섭취해도 하루에 필요한 철분 양의 1/3을 충족할 수 있어요. 더운 여름철 빈혈 예방에도 효과적이고요.

적양파 생햄 마리네이드

1인분
117
kcal

ingredients (2~3인분)

적양파 ·················· 1개(200g)
셀러리 ················· 1/2개(50g)
생햄 ····························· 8장
프렌치 머스터드 드레싱(p.83) ·· 2~3큰술

1 적양파는 3mm 두께로 얇게 썬 다음 물에 5분간 담갔다가 꺼내 물기를 뺀다. 셀러리는 4cm 길이로 나박썰기한다. 생햄은 1cm 폭으로 썬다.

2 볼에 1, 프렌치 머스터드 드레싱을 넣고 섞는다.

memo 적양파에 수분이 남아있으면 드레싱이 묽어져 싱거워질 수 있으니 물기를 완전히 제거해야 해요. 이 샐러드는 냉장실에서 2~3일간 보관 가능하답니다.

병아리콩 파슬리 프렌치 샐러드

1인분
203
kcal

ingredients (2~3인분)

병아리콩(삶은 것) ············ 150g
풋콩(알맹이) ····················· 50g
오이 ···························· 1/2개(50g)
파슬리 ······························· 20g
살라미 ······························· 30g
프렌치 머스터드 드레싱(p.83) ·· 2~3큰술

1 병아리콩은 완전히 물기를 뺀다. 풋콩은 껍질째 끓는 물에 넣어 3~4분간 삶은 다음 체로 건져 껍질을 벗기고 얇은 막을 제거한다. 오이는 사방 5mm 크기로 깍둑썰기한다. 파슬리는 잎만 잘게 다진다. 살라미는 작게 썬다.
2 볼에 1, 프렌치 머스터드 드레싱을 넣고 섞는다.

memo 병아리콩에는 에너지 대사를 돕는 비타민 B1과 비타민 B6가 풍부하답니다. 피로 해소에도 효과적이고요.

감자 콜리플라워 스위트칠리 샐러드

ingredients (2~3인분)

감자 ·························· 2개(200g)
| 박력분 ···················· 2큰술
A
| 전분가루 ·················· 2큰술
콜리플라워 ··············· 1/2개(200g)
고수 ························· 1줄기
식용유 ······················ 적당량
| 스위트칠리소스(시판) ···· 3큰술
B 꿀 ························· 2작은술
| 물 ························· 1작은술
사워크림 ····················· 50g
흑후추(굵게 간 것) ············· 약간

1 감자는 껍질을 벗기고 세로로 6등분하여 빗모양썰기한다. 물에
   20분 이상 담갔다가 꺼내 물기를 빼고 재료 A를 모두 섞어 골고
   루 묻힌다. 콜리플라워는 한입 크기로 썬다. 고수는 2cm 길이로
   썬다.

2 냄비에 4cm 높이로 식용유를 붓고 170℃로 가열한다. 콜리플라
   워를 1~2분간 튀겨 키친타월을 깐 쟁반에 올린다. 감자는 3~4분
   간 튀겨 같은 쟁반에 올렸다가 식용유를 200℃로 가열해 다시 넣
   고 2~3분간 더 튀겨 같은 쟁반에 올린다.

3 볼에 2, 재료 B를 모두 넣고 버무려 그릇에 담는다. 고수, 사워크
   림을 곁들인 다음 흑후추를 뿌린다.

memo 콜리플라워는 눈과 피부 건강에 도움을 주는 비타민 B2가 풍부해요. 감자
      와 동량의 콜리플라워를 듬뿍 넣어 만들어 건강하고 푸짐해요.

5가지 재료가 담긴 콥샐러드

1인분
294
kcal

ingredients (2~3인분)

닭가슴살 ················· 1쪽(250g)

소금 ······················· 1/2작은술

| 양파 ·················· 1/4개(50g)
A | 간장 ·············· 1과 1/2큰술
| 꿀 ························· 1큰술
| 레드와인 ················· 1큰술

아보카도 ····················· 1/2개

토마토 ················· 1개(100g)

간장달걀(p.242) ················· 1개

옥수수 통조림 ········· 1/2캔(50g)

B | 시저 요구르트 드레싱(p.89) 3큰술
| 토마토케첩 ············· 1작은술

올리브오일 ················ 2작은술

파프리카파우더(생략 가능) ·· 적당량

1 닭가슴살은 포크로 몇 군데 구멍을 내고 소금으로 밑간한다. 재료 A의 양파는 곱게 간 다음 재료 A를 모두 섞는다. 지퍼백에 닭가슴살, 준비한 A를 넣고 버무려 냉장실에서 1시간 이상 재운다.

2 아보카도는 씨를 빼고 사방 1.5cm 크기로 깍뚝썰기한다. 토마토는 꼭지를 떼고 사방 1.5cm 크기로 깍뚝썰기한다. 간장달걀은 세로로 4등분하고 다시 2등분한다. 옥수수 통조림은 물기를 뺀다. 재료 B를 모두 섞는다.

3 프라이팬에 올리브오일을 두르고 닭가슴살의 껍질이 밑을 향하도록 올려 중간 불에서 굽는다. 노릇해지면 약한 불로 줄이고 뒤집어 뚜껑을 덮고 4~5분간 구운 다음 한입 크기의 주사위 모양으로 썬다.

4 그릇에 토마토 → 간장달걀 → 닭가슴살 → 옥수수 → 아보카도 순으로 담는다. 준비한 B를 곁들이고 파프리카파우더를 뿌린다.

memo 식감과 모양이 다른 5가지 재료가 아낌없이 들어있어요. 골고루 섞어 먹으면 입 안에서 다양한 식감을 즐길 수 있지요. 각각의 재료들이 어우러져 풍미가 일품이에요.

시저 샐러드

1인분
170
kcal

ingredients (2~3인분)

통 베이컨	50g
로메인	4장
올리브오일	2작은술
시금치(샐러드용)	15g
크루통*(시판)	10g
반숙달걀(p.242)	1개
시저 요구르트 드레싱(p.89)	2큰술
파르메산치즈(가루)	2작은술
흑후추(굵게 간 것)	적당량

1   통 베이컨은 사방 5mm 크기로 썬다. 로메인은 밑동을 제거하고
    먹기 좋은 크기로 찢는다.

2   프라이팬에 올리브오일을 두르고 베이컨을 넣어 중간 불에서 노
    릇해질 때까지 볶는다.

3   그릇에 로메인을 깔고 시금치, 베이컨, 크루통을 넣은 다음 반숙
    달걀을 가운데에 올린다. 시저 요구르트 드레싱을 곁들이고 파르
    메산치즈, 흑후추를 뿌린다.

* 크루통: 빵을 주사위 모양으로 썰어 기름에 튀기거나 오븐에 구운 것

memo   쌉쌀한 맛이 특징인 로메인은 주로 시저 샐러드 재료로 사용돼요. 진한 풍
            미의 드레싱을 곁들여도 존재감을 확실히 드러내는 채소랍니다.

연근 새송이버섯 제노바 샐러드

1인분
219
kcal

ingredients (2~3인분)

닭다리살	1/2쪽(130g)	마늘	1톨(6g)
소금	약간	버터	15g
흑후추(굵게 간 것)	약간	화이트와인	2큰술
박력분	1큰술	딜 제노바 드레싱(p.83)	1큰술과 1작은술
연근	60g	로메인	4장
새송이버섯	1개(50g)		

1 닭다리살은 한입 크기로 썰고 소금, 흑후추를 뿌려 버무린 다음 박력분을 얇게 입힌다.

2 연근, 새송이버섯은 적당한 크기로 썬다. 마늘은 잘게 다진다.

3 프라이팬에 버터를 녹인 다음 마늘을 넣고 약한 불에서 볶다가 마늘 향이 나면 닭다리살, 연근을 넣는다. 닭다리살이 익으면 새송이버섯, 화이트와인을 넣어 한소끔 끓인 다음 뚜껑을 덮고 약한 불에서 2~3분간 찌듯이 익힌다. 소금, 흑후추를 뿌리고 딜 제노바 드레싱(1큰술)을 섞는다.

4 그릇에 로메인을 깔고 3을 담은 다음 딜 제노바 드레싱(1작은술) 을 뿌린다.

memo 닭고기를 조리하기 전에 밑간을 하고 박력분으로 겉면을 코팅하면 식감이 좋아지고 고기의 감칠맛도 그대로 유지돼요.

적양배추 당근 샐러드

1인분
141
kcal

ingredients (2~3인분)

적양배추 ····················· 6장
당근 ····················· 1/2개(75g)
A ┌ 설탕 ····················· 2작은술
  └ 소금 ················· 1/4작은술
옥수수 통조림 ·········· 1캔(100g)
B ┌ 마요네즈 ················· 2큰술
  │ 홀머스터드 ·············· 1큰술
  │ 플레인 요구르트(무가당) ·· 2작은술
  │ 레몬즙 ················· 1작은술
  └ 흑후추(굵게 간 것) ········· 약간

1 적양배추, 당근은 채썰기해 볼에 담은 다음 재료 A를 모두 넣어 버무린다. 수분이 배어 나오면 물기를 꼭 짠다. 옥수수 통조림은 물기를 뺀다.

2 1의 볼에 옥수수, 재료 B를 모두 넣고 골고루 섞는다.

memo 양배추는 수분이 많아 쉽게 물기가 생길 수 있어요. 소금에 버무린 다음 수분을 꼭 짜는 것이 맛있게 만드는 비법이랍니다.

갈릭 토스트 판자넬라 샐러드

1인분
160
kcal

ingredients (2~3인분)

이자벨 양상추*	4장
방울토마토	4개
살라미	20g
메추리알	4개
블랙올리브(씨 제거한 것)	5g
갈릭 크루통(p.240)	8cm분
발사믹 드레싱(p.82)	2큰술

1 이자벨 양상추는 먹기 좋은 크기로 찢는다. 방울토마토는 꼭지를 떼고 세로로 2등분한다. 살라미는 얇게 썰어 2등분한다. 메추리알은 세로로 2등분한다. 블랙올리브는 얇게 썬다.

2 그릇에 1을 담고 갈릭 크루통을 올린 다음 발사믹 드레싱을 뿌린다.

* 이자벨 양상추: 구불구불한 잎을 가진 양상추와 비슷한 채소

memo 판자넬라는 이탈리아 토스카나 지방의 전통 요리예요. 갈릭 크루통은 바삭하게 먹어도 맛있지만 드레싱이 스며들어 부드럽게 즐겨도 매력적이지요.

고구마 닭봉
치즈 샐러드

1인분
411
kcal

ingredients (2~3인분)

닭봉 ···························· 6개		홀머스터드 ················· 2큰술	
고구마 ·················· 1개(200g)		꿀 ·························· 1큰술	A
당근 ···················· 1개(150g)	A	간장 ······················ 2작은술	
올리브오일 ················· 2큰술		라임즙 ···················· 1작은술	
소금 ···················· 1/2작은술		블루치즈 ······················· 20g	
흑후추(굵게 간 것) ········· 1/2작은술			

1 닭봉은 포크로 몇 군데 구멍을 낸다. 고구마, 당근은 1.5cm 두께
   로 둥글게 썬다. 오븐은 220℃로 예열한다.

2 볼에 1을 넣고 올리브오일을 넣어 버무린 다음 소금, 흑후추를 뿌
   린다.

3 오븐팬에 종이포일을 깔고 2를 펼쳐 올린 다음 예열한 오븐에 넣
   어 20~25분간 굽는다.

4 볼에 재료 A를 모두 넣고 섞은 다음 3을 넣고 버무린다.

5 그릇에 4를 담은 다음 블루치즈를 먹기 좋은 크기로 썰어 올린다.

memo 식이 섬유가 풍부한 고구마는 장 건강에 도움을 줘 변비 예방에도 효과적
   이에요. 채소를 오븐에 구우면 단맛이 살아나 재료 본연의 풍미를 느낄 수
   있어요.

치킨난반*풍 타르타르 샐러드

ingredients (2~3인분)

닭다리살	1쪽(250g)
소금	1/4작은술
흑후추(굵게 간 것)	1/4작은술
식용유	적당량
밀가루	적당량
달걀물	1/2개분
A 설탕	3큰술
A 간장	2큰술
A 식초	2와 1/2큰술
경수채**	1줌(50g)
양상추	4장
타르타르소스(p.45)	적당량

1 닭다리살은 한입 크기로 썰어 소금, 흑후추로 밑간한다. 프라이팬에 4cm 깊이로 식용유를 붓고 170℃로 가열한다. 닭다리살에 얇게 밀가루를 묻히고 달걀물을 입혀 갈색 빛이 돌 때까지 4~5분간 튀긴 다음 키친타월을 깐 쟁반에 올린다.

2 냄비에 재료 A를 모두 넣고 약한 불로 끓이다가 설탕이 녹으면 불을 끈 다음 1을 넣어 버무린다.

3 경수채는 3cm 길이로 썬다. 양상추는 먹기 좋은 크기로 찢는다.

4 그릇에 3을 깔고 2를 올린 다음 타르타르소스를 곁들인다. 기호에 따라 굵게 간 흑후추(약간, 분량 외)를 뿌린다.

* 치킨난반: 일본 미야자키의 전통 닭튀김 요리

** 경수채: 매운맛과 쓴맛이 느껴지는 채소

타르타르소스

1 염교 절임은 잘게 다진다. 삶은달걀의 흰자와 노른자를 분리한 다음 흰자는 작게 썰고 노른자는 포크로 으깬다.

2 볼에 1, 우유, 마요네즈를 넣고 섞는다.

* 염교(또는 락교): 쪽파와 비슷한 채소

ingredients (만들기 쉬운 분량)

염교* 절임	4개
삶은달걀(p.66)	1개
우유	1큰술
마요네즈	2큰술

memo 타르타르소스에 염교를 넣어 식감을 더했어요. 새콤한 맛의 치킨난반과 타르타르소스의 조화가 환상적이에요.

나폴리풍 카포나타* 샐러드

ingredients (2~3인분)

닭다리살	1/2쪽(130g)	토마토 통조림	1/2캔(200g)
양파	1/2개(100g)	미소된장	2작은술
가지	1개	소금	약간
주키니호박	1개	흑후추(굵게 간 것)	약간
파프리카(붉은색)	1/2개	바질 잎	6장
마늘	1톨(6g)	파르메산치즈(가루)	1큰술
올리브오일	1큰술		

1 닭다리살, 양파는 2cm 크기로 썬다. 가지, 주키니호박, 파프리카
   는 큼직하게 썬다. 마늘은 잘게 다진다.

2 프라이팬에 올리브오일을 두르고 마늘을 넣어 약한 불에서 볶다
   가 마늘 향이 나면 닭다리살을 넣고 중간 불에서 볶는다. 닭다리
   살이 노릇해지면 양파, 가지, 주키니호박, 파프리카를 넣어 모든
   채소가 부드러워질 때까지 충분히 볶는다.

3 2에 토마토를 넣고 약한 불에서 가지가 흐물흐물해질 때까지 볶
   는다. 미소된장, 소금, 흑후추를 넣은 다음 불을 끄고 바질 잎을
   찢어 넣는다.

4 그릇에 3을 담고 파르메산치즈를 뿌린다.

✻ 카포나타: 튀긴 가지로 만드는 이탈리아 채소 요리

memo 새콤한 토마토와 미소된장은 의외로 찰떡궁합을 자랑한답니다. 미소된장
      으로 샐러드에 감칠맛을 더하면 풍미가 깊어져요.

카망베르치즈 그릴 치킨 샐러드

1인분
270
kcal

ingredients (2~3인분)

양송이버섯(갈색)	2개	닭다리살	1쪽(250g)
마늘	1톨(6g)	소금	1/4작은술
	간장	2큰술	시금치(샐러드용)	30g
A	꿀	1큰술	카망베르치즈	3조각(60g)
	화이트와인	1큰술		

1 양송이버섯은 젖은 면포로 표면의 먼지를 닦아낸 다음 2mm 두께로 얇게 썬다. 마늘은 곱게 간다. 재료 A를 모두 섞는다. 오븐은 220℃로 예열한다.

2 닭다리살은 포크로 몇 군데 구멍을 내고 마늘, 소금으로 밑간한 다음 준비한 A를 골고루 버무린다. 지퍼백에 넣고 냉장실에서 2시간 이상 재운다. 미리 준비해 하룻밤 동안 재웠다가 사용하면 더 좋다.

3 예열한 오븐에 2를 넣고 20~25분간 구운 다음 사방 1.5cm 크기로 썬다.

4 그릇에 시금치를 깔고 3, 카망베르치즈, 양송이버섯을 골고루 올린다.

memo 오븐에 구운 뜨거운 그릴 치킨에 카망베르치즈를 곁들이면 치즈가 부드럽게 녹아 맛있어요.

방울양배추 감자 안초비 버터 샐러드

1인분
198
kcal

ingredients (2~3인분)

방울양배추	6개
감자	2개(200g)
통 베이컨	80g
마늘	1톨(6g)
안초비 필레	3장
올리브오일	1큰술
버터	15g
흑후추(굵게 간 것)	1/4작은술

1 방울양배추는 밑동을 제거하고 겉껍질을 1겹 벗겨낸 다음 세로로 2등분한다. 감자는 껍질을 벗기고 사방 1cm 크기로 깍둑썰기해 물에 담가둔다. 통 베이컨은 사방 1cm 크기로 썬다. 마늘은 얇게 편썰기한다. 이때 가운데 심은 이쑤시개로 제거한다. 안초비 필레는 잘게 다진다.

2 프라이팬에 올리브오일을 두르고 마늘을 넣어 약한 불에서 볶다가 마늘 표면에 갈색 빛이 돌면 그릇에 담는다. 방울양배추, 감자를 넣고 3~4분간 볶다가 베이컨을 넣고 3분간 더 볶는다.

3 베이컨이 익으면 마늘, 안초비 필레, 버터를 넣고 버터가 녹을 때까지 골고루 볶은 다음 흑후추를 뿌린다.

memo 방울양배추는 크기는 작아도 떫은맛이 강해서 생으로 먹는 것보다 볶거나 데치는 등 익혀 먹는 것이 좋아요.

토란 초리소* 홀머스터드 샐러드

1인분
194
kcal

ingredients (2~3인분)

토란(작은 것) ·············· 4개(160g)
초리소 ····························· 4개
올리브오일 ················· 1작은술
　마요네즈 ················· 2큰술
A　홀머스터드 ··············· 1큰술
　소금 ····················· 1/4작은술
흑후추(굵게 간 것) ······ 1/4작은술

1　토란은 껍질을 벗긴 다음 소금(약간, 분량 외)을 뿌리고 물로
　　씻어 미끄러운 점액을 제거한다. 끓는 물에 10분간 삶아 물
　　기를 뺀다.

2　초리소는 어슷썰기한다. 프라이팬에 올리브오일을 두르고
　　초리소를 넣어 중간 불에서 볶는다.

3　볼에 1, 2, 재료 A를 모두 넣고 섞어 그릇에 담은 다음 흑후
　　추를 뿌린다.

＊ 초리소: 스페인의 대표적인 소시지

memo　토란에 소금을 뿌리고 푹 삶으면 점액이 제거돼요. 잘 손질된 토란
　　　　은 식감이 부드러울 뿐만 아니라 특유의 아린 맛이 사라져 깔끔하
　　　　답니다.

옥수수 살사
치킨 샐러드

ingredients (2~3인분)

옥수수 ························· 1/2개
토마토 ····················· 1개(100g)
고수 ···························· 1줄기
적양파 ····················· 1/6개(25g)
로메인 ···························· 3장
샐러드 치킨(p.242) ············· 1쪽
나초(시판, 생략 가능) ········ 적당량
멕시칸 허니 드레싱(p.89) ···· 3큰술
라임 ···························· 1/8개

1 냄비에 넉넉한 물과 소금(약간, 분량 외)을 넣고 끓어오르면 옥수수
   를 3~4분간 삶는다. 얼음물에 넣어 식힌 다음 물기를 빼고 칼로
   알맹이 부분만 썬다. 이때 알맹이가 덩어리 형태를 유지하도록
   썬다.

2 토마토는 세로로 6등분하여 빗모양썰기한다. 고수는 3cm 길이로
   썬다. 적양파는 3mm 두께로 썰어 물에 5분간 담갔다가 꺼내 물
   기를 뺀다. 로메인은 먹기 좋은 크기로 찢는다.

3 샐러드 치킨은 한입 크기로 썬다. 나초는 먹기 좋은 크기로 부순다.

4 그릇에 1, 2, 3을 담고 멕시칸 허니 드레싱을 곁들인 다음 라임을
   짜서 뿌린다.

memo 옥수수 알맹이를 하나하나씩 떼지 않고 칼로 덩어리 형태로 써는 것이 포
인트예요. 써는 방법에 따라 식감이 달라진답니다.

민트 미트볼
브로콜리 샐러드

1인분
208
kcal

ingredients (2~3인분)

브로콜리 ················· 1/2개(100g)	스피어민트 잎 ················· 5g
상추 ······························· 2장	소금 ··················· 1/4작은술
양파 ················· 1/4개(50g)	흑후추(굵게 간 것) ······ 1/4작은술
돼지고기(다진 것) ········· 180g	식용유 ························· 적당량
A 달걀물 ·················· 1/2개분	어린잎채소 ····················· 10g
빵가루 ·················· 2큰술	두유 아보카도 드레싱(p.89) ····· 2큰술
전분가루 ················ 2작은술	

1   브로콜리는 먹기 좋은 크기로 썬다. 냄비에 넉넉한 물과 소금(약간, 분량 외)을 넣고 끓어오르면 브로콜리를 2~3분간 데친 다음 물기를 빼고 세로로 2등분한다. 상추는 먹기 좋은 크기로 찢는다.

2   재료 A의 양파는 잘게 다진 다음 볼에 재료 A를 모두 넣고 끈기가 생길 때까지 반죽을 치댄다. 한입 크기로 동그랗게 빚어 민트 미트볼 10개를 만든다.

3   작은 프라이팬에 2cm 깊이로 식용유를 붓고 180℃로 가열한다. 2를 넣고 3~4분간 튀겨 키친타월을 깐 쟁반에 올린다.

4   그릇에 상추, 어린잎채소를 깔고 브로콜리, 3을 올린 다음 두유 아보카도 드레싱을 뿌린다.

memo 달콤한 향이 특징인 스피어민트 잎을 미트볼 반죽에 넣으면 상큼함이 더해져 느끼한 맛을 중화시킨답니다. 더운 날에도 가볍게 즐길 수 있는 푸짐한 샐러드예요.

베이비콘 돼지고기 토마토 칠리 샐러드

1인분
316
kcal

ingredients (2~3인분)

대패 삼겹살	150g
소금	약간
흑후추(굵게 간 것)	약간
전분가루	적당량
토마토	1개(100g)
양상추	4장
식용유	적당량
베이비콘	6개
A 마요네즈	2큰술
토마토케첩	1큰술
커민*파우더	1/3작은술
칠리파우더	1/2작은술

1 대패 삼겹살은 7cm 길이로 썰어 소금, 흑후추로 밑간한 다음 전분가루를 얇게 입힌다. 토마토는 세로로 6등분하여 빗 모양썰기한다. 양상추는 먹기 좋은 크기로 찢는다.

2 프라이팬에 2cm 깊이로 식용유를 붓고 170℃로 가열한다. 대패 삼겹살의 가장자리가 바삭해질 때까지 3~4분간 튀겨 키친타월을 깐 쟁반에 올린다. 베이비콘은 1~2분간 튀겨 같은 쟁반에 올린다.

3 그릇에 양상추를 깔고 2, 토마토를 담은 다음 재료 A를 모두 섞어 곁들이고 칠리파우더를 뿌린다.

* 커민: 톡 쏘는 향과 매운맛이 특징인 향신료

memo 베이비콘은 겉면을 노릇하게 볶거나 튀기는 조리법을 추천해요. 아삭한 식감이 더해져 샐러드의 완성도를 높여줄 거예요.

당근 로스트 포크 잡곡 샐러드

1인분
201
kcal

ingredients (2~3인분)

| A | 누룩소금 ···················· 1큰술
| 흑후추(굵게 간 것) ··· 1/2작은술
돼지고기 목살(얇게 썬 것) ···· 150g
당근 ······················ 2/3개(100g)
이탈리안 파슬리 ················ 10g
잡곡 믹스(혼합 16잡곡) ········ 30g
로즈마리 드레싱(p.83) ········ 2큰술

1 재료 A를 모두 섞어 돼지고기 목살에 밑간한 다음 지퍼백에 넣어 냉장실에서 20분 이상 재운다. 그릴을 달궈 약한 불에서 4~5분간 구운 다음 먹기 좋은 크기로 썬다.

2 당근은 7cm 길이로 썬 다음 필러로 얇게 슬라이스한다. 이탈리안 파슬리는 3cm 길이로 썬다. 잡곡 믹스는 끓는 물에 10분간 삶아 물기를 뺀다.

3 볼에 1, 2, 로즈마리 드레싱을 넣고 골고루 섞는다.

memo 알알이 씹히는 잡곡을 넣어 식감에 재미를 주고 포만감을 더했어요. 잡곡은 충분히 삶아 물기를 완전히 빼서 넣어주세요.

타코라이스풍
반숙달걀 샐러드

1인분
259
kcal

1 아보카도는 껍질을 벗겨 씨를 빼고 5mm 두께로 썬다. 방울토마토는 꼭지를 떼고 세로로 4등분한다. 로메인, 상추는 먹기 좋은 크기로 찢는다. 양파, 마늘은 잘게 다진다.

2 프라이팬에 올리브오일을 두르고 마늘을 넣어 약한 불에서 볶다가 마늘 향이 나면 양파를 넣고 중간 불에서 볶는다. 양파가 투명해지면 소고기와 돼지고기를 넣고 고슬고슬해질 때까지 주걱으로 저으며 볶는다. 재료 A를 모두 넣고 중간 불에서 골고루 섞으며 볶는다.

3 그릇에 로메인, 상추를 깔고 2를 담는다. 아보카도, 방울토마토, 반숙달걀을 올리고 치즈를 골고루 뿌린다.

POINT

반숙달걀은 중간에 터트려요
처음에는 반숙달걀을 터트리지 않은 채로 샐러드의 매콤한 풍미부터 즐기다가 중간에 반숙달걀을 터트려 부드러운 맛을 즐겨보세요. 다양한 맛을 느낄 수 있답니다.

---

memo 일본 오키나와에서 즐겨먹는 타코라이스는 밥을 사용해 만들지만, 밥 대신 잎채소를 듬뿍 넣으면 건강한 샐러드로 변신해요. 골고루 섞어 먹어야 맛있답니다.

ingredients (2~3인분)

아보카도 ·················· 1/2개		소고기·돼지고기(다진 것) ····· 120g
방울토마토 ················· 4개		토마토케첩 ············· 2큰술
로메인 ···················· 2장		우스터소스 ········· 2작은술
상추 ······················ 2장	A	굴소스 ············· 1작은술
양파 ················ 1/6개(25g)		칠리파우더 ········· 1작은술
마늘 ················· 1톨(6g)		반숙달걀(p.242) ················ 1개
올리브오일 ·············· 2작은술		모차렐라치즈 ············· 적당량

그릴 스테이크 와사비
마스카르포네 샐러드

1인분
206
kcal

ingredients (2~3인분)

소고기(스테이크용, 얇은 것) ·· 1쪽(200g)	로메인 ······························ 4장
소금 ······················· 1/4작은술	올리브오일 ····················· 2작은술
흑후추(굵게 간 것) ················ 약간	A 와사비(간 것) ·········· 1/2작은술
셀러리 ······················ 1/2개(50g)	A 마스카르포네 ················ 50g
누에콩(알맹이) ····················· 50g	

1 소고기는 실온 상태로 만든 다음 굽기 직전에 소금, 흑후추를 뿌
  린다.

2 셀러리 잎은 3cm 길이로 썰고 줄기는 어슷썰기한다. 누에콩은
  얇은 껍질을 벗긴다. 냄비에 넉넉한 물과 소금(약간, 분량 외)을 넣
  고 끓어오르면 누에콩을 2~3분간 데친 다음 체에 밭쳐 물기를
  뺀다. 로메인은 먹기 좋은 크기로 찢는다.

3 프라이팬에 올리브오일을 두르고 1을 넣어 강한 불에서 1분간
  굽다가 약한 불로 줄이고 뒤집어 1~2분간 더 굽는다. 팬에서 꺼
  내 쿠킹포일로 감싸 3분간 숙성시킨 다음 주사위 모양으로 썬다.

4 그릇에 2를 담고 3을 올린 다음 재료 A를 모두 섞어 곁들인다.

memo 칼륨이 풍부한 누에콩은 혈압을 낮추는 효과가 있어요. 얇은 껍질을 완전
     히 벗기지 않으면 식감이 나빠질 수 있으니 껍질을 꼭 제거하세요.

소고기 방울토마토 발사믹 샐러드

ingredients (2~3인분)

잎새버섯 ···················· 1팩(100g)		발사믹식초 ················· 2큰술
방울토마토 ···················· 6개	A	간장 ························· 1큰술
상추 ·························· 3장		꿀 ······················· 2작은술
트레비소* ····················· 1장	소금 ·························· 약간
올리브오일 ················· 2작은술	모차렐라치즈(원형) ··············· 6개
소고기(불고기용) ············· 150g	흑후추(굵게 간 것) ·············· 약간
로즈마리 ····················· 1줄기	

1   잎새버섯은 밑동을 제거하고 손으로 먹기 좋은 크기로 나눈다. 방
    울토마토는 꼭지를 떼어낸다. 상추, 트레비소는 먹기 좋은 크기로
    찢는다.

2   프라이팬에 올리브오일을 두르고 소고기, 잎새버섯, 로즈마리를
    넣어 중간 불에서 볶는다. 소고기가 반 정도 익으면 재료 A를 모
    두 넣고 양념이 밸 때까지 볶는다. 방울토마토를 넣고 가볍게 볶
    은 다음 소금을 뿌린다.

3   그릇에 상추, 트레비소를 깔고 2를 담는다. 모차렐라치즈를 숟가
    락으로 동그랗게 떠서 올린 다음 흑후추를 뿌린다.

＊ 트레비소: 잎은 붉은색이고 엽맥은 흰색인 치커리의 한 종류

memo   로즈마리는 고기의 잡내를 잡아주고 살균 작용 효과도 있어서 고기 요리
       를 할 때 사용하면 좋아요. 은은한 향이 우러나 풍미를 살리기도 한답니다.

콘 비프* 로즈마리
저먼 포테이토 샐러드

1인분
184
kcal

ingredients (2~3인분)

콘 비프 통조림 ············· 1/2캔(50g)	올리브오일 ··············· 1과 1/2큰술
로즈마리 ························· 2줄기	소금 ·························· 1/4작은술
감자 ······················ 3개(300g)	흑후추(굵게 간 것) ········· 1/3작은술
양파 ····················· 1/2개(100g)	굴소스 ························ 2작은술
마늘 ························· 1톨(6g)	

1 콘 비프는 포크로 잘게 나눈다. 로즈마리는 줄기에서 잎을 떼어낸다.

2 감자는 껍질을 벗긴다. 냄비에 넉넉한 물과 소금(약간, 분량 외)을 넣고 끓어오르면 감자를 넣어 젓가락이 쑥 들어갈 때까지 삶은 다음 체로 건져 먹기 좋은 크기로 썬다. 양파는 1cm 폭으로 빗모양썰기한다. 마늘은 잘게 다진다.

3 프라이팬에 올리브오일을 두르고 마늘을 넣어 약한 불에서 볶다가 마늘 향이 나면 양파를 넣고 중간 불에서 볶는다.

4 양파가 투명해지면 1, 감자를 넣고 골고루 섞으며 볶다가 소금, 흑후추, 굴소스를 넣는다.

＊ 콘 비프: 소금에 절인 소고기

memo 감자는 너무 오래 삶으면 물기를 머금어서 축축해져요. 포슬포슬한 저먼 포테이토의 식감을 살리고 싶다면 조금 단단하게 삶아주세요.

새우 아보카도
명란 마카로니 샐러드

1인분
183
kcal

ingredients (2~3인분)

새우(껍질 제거한 것) ················· 60g
아보카도 ···························· 1/2개
아스파라거스 ························ 2개
삶은달걀(p.66) ······················ 1개

마카로니 ···························· 50g
명란크림 드레싱(p.89) ·········· 2큰술
흑후추(굵게 간 것) ················· 약간

1 냄비에 넉넉한 물과 소금(약간, 분량 외)을 넣고 끓어오르면 새우를
  2~3분간 데친 다음 물기를 뺀다.

2 아보카도는 사방 1.5cm 크기로 깍둑썰기한다. 아스파라거스는
  밑동을 제거하고 아래쪽 1/3지점까지 필러로 껍질을 벗긴 다음
  4등분으로 어슷썰기한다. 삶은달걀은 세로로 4등분한다.

3 마카로니는 제품 포장지에 표시된 시간만큼 삶은 다음 체에 밭쳐
  물기를 뺀다. 마카로니가 서로 붙는다면 올리브오일(2작은술, 분량
  외)을 넣고 가볍게 버무려도 좋다.

4 볼에 1, 2, 3, 명란크림 드레싱을 넣고 섞은 다음 흑후추를 뿌린다.

POINT

삶은달걀(완숙달걀) 만들기
달걀은 실온 상태로 준비하세요. 냄비에 달걀, 달걀이 잠길 만큼의
물, 약간의 소금을 넣고 가열하다가 끓어오르면 13분간 삶은 다음 바
로 얼음물에 담가 4분간 식혀요. 식으면 껍질을 벗기면 돼요.

memo 아보카도의 주요 성분인 올레산은 나쁜 콜레스테롤을 낮추고 좋은 콜레스
테롤을 높이는 효과가 있어 혈관 건강에 도움을 준답니다.

레몬 갈릭 쉬림프 샐러드

ingredients (2~3인분)

새우(껍질, 머리 제거한 것) ······ 15마리	화이트와인 ······················· 3큰술
로메인 ····························· 6장	버터 ······························ 15g
브로콜리 새싹 ············· 1/2팩(20g)	소금 ························· 1/4작은술
마늘 ······················· 3톨(18g)	흑후추(굵게 간 것) ··············· 약간
올리브오일 ····················· 2큰술	레몬 ··························· 1/8개

1 새우는 이쑤시개로 내장을 뺀다. 소금(약간, 분량 외)과 전분가루(약
   간, 분량 외)로 문지르고 물로 씻은 다음 물기를 뺀다. 로메인은 밑
   동에서 잎을 떼어낸다. 브로콜리 새싹은 밑동을 제거한다. 마늘은
   굵게 다진다.

2 프라이팬에 올리브오일을 두르고 마늘을 넣어 약한 불에서 볶다
   가 마늘 향이 나면 새우, 화이트와인을 넣고 중간 불에서 볶는다.
   새우가 익으면 불을 끄고 버터를 넣어 녹인 다음 소금, 흑후추를
   뿌린다.

3 그릇에 로메인을 깔고 2를 담는다. 브로콜리 새싹을 올린 다음 레
   몬을 짜서 뿌린다.

memo 갈릭 쉬림프에 레몬즙을 더해 상큼하고 깔끔한 맛의 샐러드로 만들었어
      요. 시판 레몬즙을 사용하는 것보다 생 레몬을 짜서 넣어야 더욱 맛있답
      니다.

명란 게맛살
카르보나라 파스타 샐러드

1인분
176
kcal

ingredients (2~3인분)

명란젓(염장) ················ 1/4개(20g)	스파게티 면 ······················ 70g
게맛살(시판) ················ 4개(60g)	달걀노른자 ···················· 1개분
오이 ······················· 1/2개(50g)	시저 요구르트 드레싱(p.89) ····· 3큰술
당근 ······················· 1/3개(50g)	파르메산치즈(가루) ········ 1/4작은술
경수채 ························· 적당량	흑후추(굵게 간 것) ········· 1/4작은술

1 명란젓은 길게 반으로 썬 다음 알을 발라낸다. 게맛살은 먹기 좋은 크기로 찢는다. 오이, 당근은 채썰기해 소금(약간, 분량 외)에 절인 다음 물기를 짠다. 경수채는 2cm 길이로 썬다.

2 스파게티 면은 제품 포장지에 표시된 시간만큼 삶은 다음 체에 밭쳐 물기를 뺀다.

3 볼에 게맛살, 오이, 당근, 스파게티 면, 달걀노른자, 시저 요구르트 드레싱을 넣고 섞는다.

4 3을 돌돌 말아 그릇에 담고 경수채, 명란젓을 올린 다음 파르메산 치즈, 흑후추를 뿌린다.

memo 감칠맛이 뛰어난 시저 요구르트 드레싱으로 풍미를 살린 파스타 샐러드예요. 염장 명란젓 대신 매운 양념의 명란젓을 넣어도 좋아요.

오징어 래디시 해산물 샐러드

1인분
165
kcal

ingredients (2~3인분)

오징어 ························· 1마리
래디시 ························· 6개
셀러리 ····················· 1/2개(50g)
오이 ······················· 1/4개(25g)
경수채 ························ 1줌(50g)
마늘 ························· 2톨(12g)

올리브오일 ··················· 1큰술
A
마늘 ················· 1/2톨(3g)
마요네즈 ················· 2큰술
두유(무조정) ··········· 2작은술
흑후추(굵게 간 것) ········· 약간

1   오징어는 다리를 잡아당겨 떼어내고 몸통 안의 투명한 뼈를 제거
    한다. 눈, 내장, 입을 떼어내고 다리 윗부분을 자른다. 칼로 빨판을
    긁고 먹기 좋은 크기로 썬다. 몸통은 깨끗이 씻어 1cm 두께로 동
    그랗게 썬다. 끓는 물에 1~2분간 데친 다음 체에 밭쳐 물기를 완
    전히 뺀다.

2   래디시는 2mm 두께로 둥글게 썬다. 셀러리는 어슷썰기한다. 오
    이는 줄무늬 모양이 되도록 껍질을 필러로 길게 네 군데 벗긴 다
    음 1mm 두께로 둥글게 썬다. 경수채는 4cm 길이로 썬다.

3   마늘은 얇게 편썰기한다. 이때 가운데 심은 이쑤시개로 제거한다.
    프라이팬에 올리브오일을 두르고 마늘을 넣어 약한 불에서 볶다
    가 마늘 향이 나면 그릇에 덜어둔다.

4   재료 A의 마늘을 간 다음 재료 A를 모두 섞는다. 그릇에 경수채
    → 1 → 래디시 → 셀러리 → 오이 순으로 담는다. 준비한 A를 곁
    들이고 3을 골고루 올린다.

memo 래디시의 풍부한 비타민 C는 피부 장벽을 튼튼하게 만들어줘요. 래디시의
      학명인 'Raphanus'는 그리스어의 'ra(빠르다)'와 'phainomai(생기다)'의
      합성어로 파종 후 20일 만에 수확할 수 있다는 의미를 담고 있지요.

잔멸치 양상추
페페론치노 샐러드

1인분
138
kcal

ingredients (2~3인분)

차조기* ······························ 4장
마늘 ···························· 2톨(12g)
로메인 ···························· 4장
홍고추 ····························· 1개
올리브오일 ···················· 3큰술
잔멸치(삶은 것 또는 말린 것) ···· 50g
소금 ·························· 1/4작은술
흑후추(굵게 간 것) ······· 1/4작은술

1   차조기는 채썰기한다. 마늘은 얇게 편썰기한다. 이때 가운데 심은
    이쑤시개로 제거한다. 로메인은 밑동에서 잎을 떼어낸다. 홍고추
    는 씨를 제거하고 송송 썬다.

2   프라이팬에 올리브오일을 두르고 마늘, 홍고추를 넣어 약한 불에
    서 볶다가 마늘이 노릇해지면 마늘, 홍고추를 그릇에 덜고 잔멸치
    를 넣어 1~2분간 볶은 다음 소금, 흑후추를 뿌린다.

3   그릇에 로메인을 깔고 뜨거운 상태의 잔멸치를 담은 다음 차조기
    를 올린다. 마늘, 홍고추를 골고루 뿌린다.

＊ 차조기: 자줏빛을 띠고 있는 깻잎과 비슷하게 생긴 채소

memo 부드럽고 고소한 식감이 특징인 로메인은 차조기처럼 향이 있는 채소와
      특히 잘 어울려요. 마늘과 홍고추로 맛을 빈틈없이 채웠답니다.

연어 세비체

1인분
289
kcal

ingredients (2~3인분)

연어(횟감용) ············ 1토막(100g)

토마토 ····················· 1개(100g)

아보카도 ·························· 1개

오이 ······················· 1/2개(50g)

적양파 ··················· 1/4개(50g)

A
｜ 마늘 ····················· 1톨(6g)
｜ 올리브오일 ······· 2와 1/2큰술
｜ 레몬즙 ··········· 1과 1/2큰술
｜ 칠리파우더 ············ 2작은술
｜ 소금 ·················· 1/4작은술
｜ 흑후추(굵게 간 것) ······· 약간

1 연어, 토마토, 아보카도, 오이는 사방 1cm 크기로 깍둑썰기
   한다.

2 적양파는 굵게 다져 물에 5분간 담갔다가 꺼내 물기를 뺀다.
   재료 A의 마늘을 간 다음 재료 A를 모두 섞는다.

3 볼에 1, 2를 넣고 섞는다.

memo 세비체는 페루와 멕시코에서 즐겨 먹는 해산물 마리네이드예요. 칠
        리파우더는 현지의 맛을 재현할 때 꼭 필요한 조미료랍니다.

오일 정어리 고수 샐러드

1인분
132
kcal

ingredients (2~3인분)

고수 ·························	5줄기
마늘 ·························	2톨(12g)
올리브오일 ················	1큰술
올리브오일 정어리 통조림 · 1/2캔(50g)	
간장 ················	1작은술
A 레몬즙 ···············	1작은술
참기름 ··············	2작은술
케이퍼 통조림 ·············	1작은술

1 고수는 3cm 길이로 썬다. 마늘은 얇게 편썰기한다. 이때 가운데 심은 이쑤시개로 제거한다.

2 프라이팬에 올리브오일을 두르고 마늘을 넣어 약한 불에서 바삭해질 때까지 볶는다.

3 볼에 정어리, 고수, 마늘, 재료 A를 모두 넣고 섞어 그릇에 담은 다음 케이퍼를 골고루 올린다.

memo 올리브오일에 절인 정어리는 부드러워서 으깨지기 쉬워요. 형태가 남도록 살살 섞어야 식감이 살아난답니다.

77

청새치 치즈 프라이 샐러드

1인분
250
kcal

ingredients (2~3인분)

청새치 ···················· 2토막	식용유 ···················· 적당량
흑후추(굵게 간 것) ············ 약간	양상추 ······················ 4장
A ⎡ 밀가루 ················ 1큰술	파프리카(노란색) ············· 1/4개
⎣ 파르메산치즈(가루) ········· 1큰술	래디시 ······················ 3개
달걀물 ··················· 1/2개분	어린잎채소 ·················· 10g
빵가루 ···················· 2큰술	타르타르소스(p.45) ·········· 적당량

1 청새치는 키친타월로 표면의 물기를 닦고 3cm 폭으로 썰어 양면에 흑후추를 뿌린다. 재료 A를 모두 섞어 볼에 담고 청새치에 골고루 묻힌 다음 달걀물 → 빵가루 순으로 묻힌다.

2 프라이팬에 4cm 높이로 식용유를 붓고 170℃로 가열한다. 1을 3~4분간 바삭하게 튀겨 키친타월을 깐 쟁반에 올린다.

3 양상추를 먹기 좋은 크기로 찢는다. 파프리카는 5mm 두께로 얇게 썬다. 래디시는 2mm 두께로 둥글게 썬다.

4 그릇에 양상추, 어린잎채소를 깔고 2, 파프리카, 래디시를 올린 다음 타르타르소스를 곁들인다.

memo 청새치는 흰살생선 중에서도 지방 함량이 적어 튀겨도 느끼하지 않고 담백해요. 진한 맛의 소스를 곁들여도 깔끔하게 즐길 수 있답니다.

하와이풍 포키 샐러드

ingredients (2~3인분)

참치(횟감용) ····················· 130g
아보카도 ························ 1개
적양파 ···················· 1/6개(25g)
상추 ····························· 4장
견과류 ··················· 1큰술(10g)
│ 생강 ····················· 1톨(6g)
│ 간장 ··············· 1과 1/2큰술
A 맛술 ···················· 1작은술
│ 참기름 ················· 2작은술
│ 고추기름 ············ 1/2작은술
흰깨(볶은 것) ··············· 1/2큰술
레몬 ························· 1/8개

1 참치는 사방 2cm 크기로 썬다. 아보카도는 한입 크기로 썬다. 적
   양파는 가늘게 채썰기해 물에 5분간 담갔다가 꺼내 물기를 뺀다.
   상추는 먹기 좋은 크기로 찢는다. 견과류는 굵게 부순다. 재료 A
   의 생강은 잘게 다진 다음 재료 A를 모두 섞는다.
2 볼에 참치, 준비한 A를 넣고 섞은 다음 랩을 씌워 냉장실에서 30분
   이상 재운다. 먹기 직전에 아보카도를 섞는다.
3 그릇에 상추, 2, 적양파를 담는다. 견과류, 흰깨를 올리고 레몬을
   짜서 뿌린다.

memo 참치에 풍부한 DHA는 성장기 아이들의 뇌 발달에 꼭 필요한 영양소예요.
      아이용으로 만들 경우에는 고추기름의 양을 줄여 매운맛을 조절하세요.

샐러드를 더 맛있게 즐기는 방법, 홈메이드 드레싱

홈메이드 드레싱을 미리 준비하면 샐러드를 한층 더 맛있게 즐길 수 있답니다.
드레싱은 만들기 쉬운 분량으로 소개했어요.

❶ 에스닉 드레싱

마늘 1톨은 잘게 다진다. 홍고추 1개는 씨를 빼고 송송 썬다. 볼에 마늘, 홍고추, 꿀 1/2큰술, 레몬
즙 3큰술, 남플라 1과 1/2큰술, 참기름 1큰술을 넣고 골고루 섞는다.

❷ 커민카레 드레싱

마늘 1/2톨은 곱게 간다. 볼에 마늘, 설탕 1작은술, 커민파우더 1/2작은술, 카레가루 1/2작은술, 쌀
식초 1큰술, 올리브오일 2큰술을 넣고 설탕이 녹을 때까지 골고루 섞는다.

❸ 발사믹 드레싱

양파 1/6개, 마늘 1/2톨은 곱게 간다. 볼에 양파, 마늘, 설탕 2작은술, 간장 2작은술, 발사믹식초 1
과 1/2큰술, 올리브오일 3큰술, 소금 약간, 굵게 간 흑후추 약간을 넣고 골고루 섞는다.

❹ 로즈마리 드레싱

로즈마리 1/2줄기는 잎만 떼어내어 잘게 다진다. 볼에 로즈마리, 소금 1/4작은술, 꿀 2작은술, 레몬
즙 2작은술, 화이트와인 비니거 1과 1/2큰술, 올리브오일 3큰술을 넣고 골고루 섞는다.

❺ 프렌치 머스터드 드레싱

볼에 설탕 1작은술, 홀머스터드 1작은술, 화이트와인 비니거 1과 1/2큰술, 올리브오일 3큰술, 소금
약간, 굵게 간 흑후추 약간을 넣고 골고루 섞는다.

❻ 당근 드레싱

당근 1/4개, 양파 1/6개는 곱게 간다. 볼에 당근, 양파, 간장 1작은술, 꿀 2작은술, 사과식초 1큰술,
올리브오일 2큰술을 넣고 골고루 섞는다.

❼ 딜 제노바 드레싱

믹서에 딜 잎 7g, 마늘 1/2톨, 잣 10g, 치즈가루 10g, 버터 5g, 올리브오일 80㎖, 안초비 필레 1장,
소금 약간을 넣고 부드러워질 때까지 곱게 간다.

❽ 생강 드레싱

생강 4톨은 곱게 간다. 볼에 생강, 간장 1과 1/2큰술, 소금 1/4작은술, 설탕 1작은술, 쌀식초 1과 1/2큰술, 참기름 2큰술을 넣고 설탕이 녹을 때까지 골고루 섞는다.

❾ 대파 무 드레싱

무 50g은 곱게 갈아 물기를 뺀다. 대파 흰 부분 10g은 잘게 다진다. 염장 다시마 5g은 가위로 먹기 좋은 크기로 자른다. 볼에 무, 대파, 다시마, 간장 1큰술, 쌀식초 2큰술, 샐러드유 2큰술을 넣고 골고루 섞는다.

❿ 매실 누룩 드레싱

우메보시 1개는 씨를 빼고 칼로 잘게 썬다. 볼에 우메보시, 설탕 2작은술, 누룩소금 2큰술, 쌀식초 2큰술, 올리브오일 1큰술을 넣고 설탕이 녹을 때까지 골고루 섞는다.

⓫ 와사비 드레싱

마늘 1/2톨은 곱게 간다. 볼에 마늘, 와사비 간 것 1/2작은술, 소금 1/4작은술, 간장 2작은술, 쌀식초 2큰술, 참기름 1과 1/2큰술을 넣고 골고루 섞는다.

⑫ 청귤 흑식초 드레싱
청귤 3개는 즙을 짠다. 양파 1/6개, 생강 1톨은 곱게 간다. 볼에 청귤즙, 양파, 생강, 간장 1큰술, 꿀 2작은술, 흑식초 2큰술, 참기름 1과 1/2큰술을 넣고 골고루 섞는다.

⑬ 사과 드레싱
사과 1/6개, 양파 1/6개는 곱게 간다. 볼에 사과, 양파, 간장 1큰술, 꿀 2작은술, 사과식초 2큰술을 넣고 골고루 섞는다.

⑭ 유자후추 드레싱
볼에 유자후추 1/3작은술, 설탕 2작은술, 레몬즙 2작은술, 쌀식초 1큰술, 폰즈소스 2큰술을 넣고 골고루 섞는다.

⑮ 차조기 드레싱
차조기 4장은 잘게 다진다. 볼에 차조기, 간장 1작은술, 물 3큰술, 멘쯔유(3배 농축) 1큰술, 쌀식초 2큰술, 볶은 흰깨 1작은술, 가다랑어포 1팩을 넣고 골고루 섞는다.

⑯ 참깨 드레싱

볼에 설탕 2작은술, 으깬 흰깨 2큰술, 간장 1큰술, 쌀식초 1큰술, 무조정 두유 2큰술, 흰깨 페이스트 2큰술, 두반장 1/2작은술을 넣고 골고루 섞는다.

⑰ 파소금 드레싱

대파 흰 부분 10g은 잘게 다진다. 마늘 1/2톨은 곱게 간다. 볼에 대파, 마늘, 소금 1/2작은술, 치킨스톡 가루 1/2작은술, 볶은 흰깨 1작은술, 청주 2작은술, 쌀식초 2큰술, 참기름 3큰술을 넣고 골고루 섞는다.

⑱ 양념 드레싱

마늘 1/2톨은 잘게 다진다. 볼에 마늘, 으깬 흰깨 1큰술, 간장 2큰술, 꿀 2작은술, 쌀식초 1큰술, 토마토케첩 2작은술, 고추장 2작은술, 참기름 1과 1/2큰술을 넣고 골고루 섞는다.

⑲ 중식 드레싱

생강 2톨은 잘게 다진다. 홍고추 1개는 씨를 빼고 송송 썬다. 볼에 생강, 홍고추, 설탕 2작은술, 볶은 흰깨 2작은술, 간장 2큰술, 굴소스 2작은술, 쌀식초 2큰술, 참기름 2큰술을 넣고 골고루 섞는다.

⑳ 스위트칠리 라임 드레싱
볼에 설탕 2작은술, 스위트칠리소스 2큰술, 라임즙 1큰술, 남플라 1큰술, 참기름 1큰술을 넣고 골고루 섞는다.

㉑ 그린카레 드레싱
볼에 설탕 1작은술, 그린카레 페이스트 1/2작은술, 코코넛오일 2큰술, 레몬즙 1큰술, 남플라 1작은술을 넣고 설탕이 녹을 때까지 골고루 섞는다.

㉒ 고수 드레싱
믹서에 고수 2줄기, 마늘 1톨, 안초비 필레 2장, 간장 1작은술, 레몬즙 1큰술, 우유 2큰술, 마요네즈 2큰술, 굵게 간 흑후추 약간을 넣고 부드러워질 때까지 곱게 간다.

POINT

드레싱 보관법
홈메이드 드레싱은 공기와 접촉하지 않도록 밀폐 용기에 넣어 냉장 보관하세요. 시판 제품보다 보관 가능 기간이 짧기 때문에 2~3일 내에 사용하는 것이 좋아요.

㉓ 레몬 드레싱

생강 1톨은 곱게 간다. 볼에 생강. 설탕 1큰술, 생 레몬즙 50ml, 올리브오일 2큰술을 넣고 설탕이 녹을
때까지 골고루 섞는다.

㉔ 키위 드레싱

믹서에 키위 1개, 꿀 1작은술, 쌀식초 1큰술, 올리브오일 1큰술을 넣고 부드러워질 때까지 곱게 간다.

㉕ 베리 드레싱

믹서에 냉동 믹스 베리 50g, 꿀 1작은술, 화이트와인 비니거 2작은술, 올리브오일 1큰술을 넣고 부드러
워질 때까지 곱게 간다.

㉖ 파인애플 드레싱

믹서에 파인애플 100g, 사과식초 1큰술, 올리브오일 1과 1/2큰술, 소금 약간을 넣고 부드러워질 때까지
곱게 간다.

㉗ 두유 아보카도 드레싱

믹서에 아보카도 1개, 꿀 2작은술, 레몬즙 1/2큰술, 무조정 두유 100ml, 올리브오일 2큰술, 소금 약간, 굵게 간 흑후추 약간을 넣고 부드러워질 때까지 곱게 간다.

㉘ 명란크림 드레싱

명란젓 1/2개는 길게 반으로 썬 다음 알을 발라낸다. 볼에 명란젓, 우유 2큰술, 마요네즈 3큰술, 소금 약간, 굵게 간 흑후추 약간을 넣고 골고루 섞는다.

㉙ 멕시칸 허니 드레싱

믹서에 양파 1/8개, 방울토마토 3개, 마늘 1/2톨, 꿀 2작은술, 토마토케첩 2큰술, 타바스코소스 1작은술, 올리브오일 1큰술, 칠리파우더(생략 가능) 1작은술을 넣고 부드러워질 때까지 곱게 간다.

㉚ 시저 요구르트 드레싱

마늘 1/2톨은 곱게 간다. 안초비 필레 2장은 잘게 다진다. 볼에 마늘, 안초비 필레, 치즈가루 1과 1/2큰술, 레몬즙 2작은술, 무가당 플레인 요구르트 4큰술, 마요네즈 3큰술, 굵게 간 흑후추 약간을 넣고 골고루 섞는다.

일식 샐러드

모두에게 사랑받는 부드럽고 담백한 맛의 일식 샐러드는
당신의 식탁을 보다 멋지게 채울 거예요.

전갱이 톳 마늘 샐러드

1인분
131
kcal

ingredients (2~3인분)

전갱이(말린 것) ·········· 1마리(70g)
톳(말린 것) ······················· 5g
파드득나물* ··············· 2줌(60g)
두부 ····················· 1/3모(100g)
마늘 ······················· 2톨(12g)
홍고추 ························· 1개
올리브오일 ····················· 1큰술
간장 ························· 2작은술

1 생선그릴을 달궈 전갱이의 껍질이 밑을 향하도록 올리고 중간 불
   에서 5분간 구운 다음 뒤집어서 5분간 더 굽는다. 뼈와 껍질을 제
   거하고 큼직하게 살을 바른다.

2 톳은 뜨거운 물에 10분간 담가 불린 다음 체에 밭쳐 물기를 뺀다.
   파드득나물은 3cm 길이로 썬다. 두부는 물기를 빼고 숟가락으로
   먹기 좋은 크기로 나눈다. 마늘은 얇게 편썰기한다. 이때 가운데
   심은 이쑤시개로 제거한다. 홍고추는 씨를 빼고 송송 썬다.

3 프라이팬에 올리브오일을 두르고 마늘을 넣어 약한 불에서 볶다
   가 마늘 향이 나면 톳, 홍고추를 넣고 중간 불에서 볶은 다음 간
   장을 넣는다.

4 볼에 1, 파드득나물, 두부, 3을 넣고 섞는다.

＊ 파드득나물 : 미나리과의 채소

memo 칼슘이 풍부한 톳은 뼈 건강에 도움을 주는 식재료예요. 톳을 볶으면 특유
      의 풍미가 더욱 진해지고 말린 전갱이와도 잘 어우러진답니다.

방어 경수채 샐러드

ingredients (2~3인분)

경수채 ············· 1과 1/2줌(80g)
양하* ······························ 2개
방어(횟감용) ··········· 1토막(100g)
가다랑어포 ················· 1팩(2g)
김(잘게 썬 것) ················ 적당량
차조기 드레싱(p.85) ········· 3큰술

1   경수채는 3cm 길이로 썬다. 양하는 2mm 두께로 채썰기한
    다.
2   볼에 경수채, 양하, 방어, 가다랑어포, 김, 차조기 드레싱을
    넣고 골고루 섞는다.

* 양하: 고급 향신채소

memo   비타민 C가 듬뿍 함유된 경수채는 감기 예방에 효과적이에요. 신선
       한 경수채는 물기를 완전히 제거하고 사용해야 아삭한 식감이 느껴
       져요.

대구 누룩소금 마요 샐러드

1인분
120
kcal

ingredients (2~3인분)

대구	2토막
A { 마요네즈	2큰술
누룩소금	2작은술
시치미 양념	1/2작은술
무	70g
오이	1개(100g)
상추	2장
생강 드레싱(p.84)	1큰술

1 대구는 3cm 폭으로 썰고 키친타월로 표면의 물기를 닦는
다. 볼에 재료 A를 모두 섞은 다음 대구의 양면에 고루 바른
다. 오븐팬에 종이포일을 깔고 대구를 펼쳐 올린 다음 오븐
토스터에 넣고 노릇해질 때까지 6~7분간 굽는다.

2 무, 오이는 필러로 얇게 슬라이스한다. 상추는 먹기 좋은 크
기로 찢는다.

3 그릇에 2를 올리고 1을 담은 다음 생강 드레싱을 뿌린다.

memo 담백한 대구에 고소한 마요네즈를 더해 맛이 한층 더 풍성해졌어
요. 대구 누룩소금 마요 샐러드는 오븐 토스터에서 노릇노릇하게
잘 굽는 것이 중요해요.

굴 겨자잎 샐러드

ingredients (2~3인분)

굴(가열용) ······················ 150g
소금 ··························· 1작은술
전분가루 ······················ 2큰술
겨자잎 ······················ 1줌(60g)
청주 ··························· 1큰술
ㅣ 간장 ····················· 2작은술
A
ㅣ 굴소스 ··················· 2작은술
와사비 드레싱(p.84) ········· 2큰술
양파튀김(p.241) ·············· 1큰술

1 볼에 굴을 넣고 소금, 전분가루를 골고루 발라 문지른 다음 흐르
   는 물에 씻는다. 체에 밭쳐 물기를 빼고 키친타월로 물기를 완전
   히 닦는다.
2 겨자잎은 3cm 길이로 썬다.
3 예열하지 않은 프라이팬에 1을 펼쳐 올리고 청주를 뿌린 다음 강
   한 불에서 가열한다. 이때 프라이팬을 원 그리듯 천천히 돌려 굴
   의 양면을 익힌다. 표면이 노릇해지고 수분이 나오면 약한 불로
   줄이고 재료 A를 모두 넣어 수분기가 사라질 때까지 조린다.
4 볼에 겨자잎, 3, 와사비 드레싱을 넣고 섞은 다음 그릇에 담고 양
   파튀김을 올린다.

memo 가장자리가 구불구불한 모양을 띠고 있는 것이 특징인 겨자잎은 약간 매
콤한 맛을 내요. 푸릇한 색감과 볼륨감으로 샐러드를 더욱 보기 좋게 만든
답니다.

표고버섯 이리
폰즈 버터 샐러드

1인분
112
kcal

1 표고버섯은 기둥을 제거하고 2등분한다. 경수채는 3cm 길이로 썬다. 쪽파는 2mm 두께로 송송 썬다.

2 연어 이리에 소금(약간, 분량 외)을 뿌려 미끈한 점액을 제거하고 물로 깨끗이 씻은 다음 키친타월로 물기를 닦는다. 소금, 흑후추를 뿌리고 박력분을 골고루 얇게 묻힌다.

3 프라이팬에 버터를 녹이고 표고버섯, 2를 넣어 중간 불에서 이리의 표면이 노릇해질 때까지 볶다가 폰즈소스를 넣는다.

4 그릇에 경수채를 깔고 3을 담은 다음 쪽파를 가운데 올리고 와사비 드레싱을 뿌린다.

POINT

이리의 잡내는 우유로 제거해요
이리는 생선 내장 중에서도 잡내가 적은 재료예요. 하지만 냄새가 신경 쓰인다면 이리가 잠길 정도의 우유에 30분~1시간 동안 담가두었다가 물로 씻은 다음 물기를 빼고 사용하세요.

---

memo 표고버섯에는 감칠맛을 내는 구아닐산 성분이 풍부해요. 담백하고 깔끔해서 이리처럼 농후한 식재료와 좋은 조합을 이루며 특별한 맛을 낸답니다.

ingredients (2~3인분)

표고버섯	4개	흑후추(굵게 간 것)	약간
경수채	1줌(50g)	박력분	적당량
쪽파	1줄기	버터	15g
연어 이리	100g	폰즈소스	1과 1/2큰술
소금	약간	와사비 드레싱(p.84)	1큰술

양배추 바지락 술찜 샐러드

1인분
145
kcal

ingredients (2~3인분)

바지락 ························· 200g

양배추 ························· 6장

만가닥버섯 ············· 1/2팩(50g)

통 베이컨 ····················· 50g

마늘 ························· 2톨(12g)

홍고추 ························· 1개

청주 ··························· 3큰술

간장 ··························· 2작은술

버터 ··························· 15g

1 넓적한 그릇에 바지락을 넣고 바지락이 잠길 정도의 소금물(물 500ml에 소금 15g 비율, 분량 외)을 채운다. 신문지로 덮어 3시간 동 안 두었다가 바지락 껍데기끼리 비비며 물로 깨끗이 씻어 해감 한다.

2 양배추는 사방 5cm 크기로 큼직하게 썬다. 만가닥버섯은 밑동을 제거하고 손으로 먹기 좋은 크기로 나눈다. 통 베이컨은 5mm 두 께의 직사각형으로 썬다. 마늘은 칼등으로 으깬다. 홍고추는 씨를 뺀다.

3 프라이팬에 양배추 → 베이컨 → 만가닥버섯 → 바지락 순으로 넣고 마늘, 홍고추를 올린 다음 청주를 골고루 넣는다. 뚜껑을 덮 어 약한 불에서 7~8분간 찌다가 간장, 버터를 넣는다.

memo 양배추는 큼직하게 썰어 넣어야 재료의 존재감이 느껴지고 씹는 맛도 좋 아요. 양배추의 은은한 단맛과 바지락의 감칠맛이 입맛을 돋운답니다.

무순 잔멸치 흑초젤리 샐러드

ingredients (2~3인분)

무순	1팩
무	50g
적양파	1/4개(50g)
A 흑식초	4큰술
A 간장	1큰술
A 꿀	1큰술
젤라틴(가루)	3g
잔멸치(삶은 것 또는 말린 것)	50g

1 무순은 밑동을 제거한다. 무는 5cm 길이로 채썰기한다. 적
   양파는 2mm 두께로 얇게 썬 다음 물에 5분간 담갔다가 꺼
   내 물기를 뺀다.

2 작은 냄비에 재료 A를 모두 넣고 약한 불에서 가열하다가
   끓기 직전에 불을 끈 다음 젤라틴을 넣어 녹인다. 1cm 높이
   의 보관 용기에 담고 얼음물로 중탕하여 식히다가 잔열이
   사라지면 냉장실에서 2시간 동안 굳힌다.

3 볼에 1을 넣고 섞은 다음 그릇에 담고 잔멸치를 올린다. 2를
   숟가락으로 으깨 곁들인다.

memo 흑초젤리는 잘게 으깨 샐러드 전체에 맛이 배도록 골고루 올려요.
      간단하게 만들 수 있을 뿐만 아니라 보기에도 예뻐서 손님 초대 요
      리로도 안성맞춤이에요.

문어 셀러리 와사비 마요 샐러드

1인분
131
kcal

ingredients (2~3인분)

문어(데친 것)	100g
셀러리	1개(100g)
오이	1개(100g)
훈제 오징어(시판)	40g
A 마요네즈	2큰술
와사비(간 것)	1/2작은술
우유	1큰술
시치미 양념	적당량

1　문어는 먹기 좋은 크기로 썬다. 셀러리 잎은 2cm 길이로 썰고 줄기는 3mm 두께로 어슷썰기한다. 오이는 길게 2등분하고 2mm 두께로 어슷썰기한다.

2　볼에 1, 훈제 오징어, 재료 A를 모두 넣고 섞어 그릇에 담은 다음 시치미 양념을 뿌린다.

memo 셀러리 잎에서 쓴맛이 날 때는 물에 5분간 담갔다가 꺼내 사용해요. 독특한 식감의 훈제 오징어를 넣어 새로운 샐러드의 맛을 즐길 수 있답니다.

가리비 무 날치알 샐러드

1인분
117
kcal

ingredients (2~3인분)

가리비(삶은 것) ·············· 120g
무 ································· 150g
소금 ······················ 1/4작은술
상추 ······························ 4장
ㅣ 흰깨(으깬 것) ·········· 2작은술
A 굴소스 ················· 1작은술
ㅣ 마요네즈 ················· 2큰술
날치알 ························· 1큰술

1 가리비는 물기를 빼고 잘게 찢는다. 무는 2mm 두께로 채썰기해 소금에 절인 다음 물기를 꼭 짠다. 상추는 먹기 좋은 크기로 찢는다.
2 볼에 가리비, 무, 재료 A를 모두 넣고 섞는다.
3 그릇에 상추를 깔고 2를 담은 다음 날치알을 올린다.

memo 소금에 절인 무는 물기를 완전히 제거하지 않으면 양념과 섞었을 때 맛이 싱거워져요. 양념에 수분이 많이 생겼을 때는 마요네즈를 조금씩 넣으며 맛을 조절해도 좋아요.

뿌리채소 참치 김 마요 샐러드

1인분
112
kcal

ingredients (2~3인분)

우엉 ····················· 2/3개(100g)
당근 ······················ 1/2개(75g)
참치 통조림(마일드) ······· 1캔(75g)
마요네즈 ······················ 2큰술
김 조림(시판) ················· 1큰술

1 우엉, 당근은 2mm 두께로 채썰기해 물에 담갔다가 꺼내 물기를 뺀다. 참치는 물기를 뺀다.
2 볼에 1, 마요네즈, 김 조림을 넣고 섞는다.

memo 아삭한 식감이 살아있는 우엉과 당근을 듬뿍 넣은 샐러드예요. 김 조림은 제품에 따라 염도나 풍미가 다르니 맛을 보고 밋밋할 때는 김 조림을 1작은술씩 더 넣으며 간을 조절하세요.

검은깨 치킨 쪽파 샐러드

1인분
299
kcal

ingredients (2〜3인분)

닭다리살 ······················ 1쪽(250g)	생강 ······························ 2톨(12g)
소금 ······························ 약간	참기름 ···························· 1큰술
흑후추(굵게 간 것) ·············· 약간	┌ 간장 ·························· 1큰술
박력분 ···························· 2큰술	│ 청주 ·························· 2큰술
쪽파 ······························ 4줄기	A │
경수채 ·························· 1줌(50g)	│ 굴소스 ····················· 2작은술
차조기 ···························· 4장	└ 설탕 ························· 2작은술
	검은깨(볶은 것) ················· 2큰술

1 닭다리살은 한입 크기로 썰고 소금, 흑후추를 버무린 다음 박력분을 얇게 입힌다.

2 쪽파는 4cm 길이로 어슷썰기한다. 경수채는 3cm 길이로 썬다. 차조기는 채썰기한다. 생강은 잘게 다진다.

3 프라이팬에 참기름을 두르고 생강을 넣어 약한 불에서 볶다가 생강 향이 나면 1을 넣고 중간 불에서 볶는다. 닭다리살의 표면이 노릇해지면 재료 A를 모두 넣고 약한 불에서 천천히 볶다가 검은 깨를 넣고 골고루 섞는다.

4 볼에 쪽파, 경수채, 차조기, 3을 넣고 섞는다.

memo 쪽파는 독특한 향과 은은한 단맛이 나기 때문에 다양한 식재료와 최고의 궁합을 자랑한답니다.

노자와나 닭안심 파소금 샐러드

ingredients (2~3인분)

닭안심 ····················· 2쪽(200g)
노자와나* 절임(시판) ········· 100g
오이 ······················· 1개(100g)
파드득나물 ················· 1줌(30g)
┌ 대파 ····················· 30g
│ 마늘 ····················· 1톨(6g)
│ 소금 ····················· 1/3작은술
A 흑후추(굵게 간 것) ··· 1/3작은술
│ 치킨스톡(과립) ······· 1/3작은술
└ 참기름 ··················· 2큰술

1 냄비에 넉넉한 물과 소금(2작은술, 분량 외)을 넣고 끓어오르면 불
   을 끈 다음 닭안심을 넣고 뚜껑을 덮어 10분간 둔다. 닭안심을 꺼
   내 큼직하게 찢는다.
2 노자와나 절임은 3cm 길이로 썬다. 오이는 길게 2등분하고 3mm
   두께로 어슷썰기한다. 파드득나물은 3cm 길이로 썬다.
3 재료 A의 대파는 잘게 다지고 마늘은 간 다음 재료 A를 모두 섞
   는다.
4 볼에 1, 2, 준비한 A를 넣고 섞는다.

* 노자와나: 일본 갓

memo 닭안심은 열량이 낮은 고단백질 식품으로 운동이나 다이어트를 하는 사람
      에게 추천하는 재료랍니다.

미소된장
닭안심 배추 샐러드

1인분
142
kcal

ingredients (2~3인분)

닭안심 ···················· 2쪽(200g)
  | 미소된장 ················ 2큰술
A 설탕 ····················· 2작은술
  | 청주 ····················· 2작은술
배추 잎 ························· 2장
깍지 완두콩 ···················· 3개
버터 ···························· 10g
파르메산치즈(가루) ········· 적당량

1 닭안심은 힘줄을 제거한다. 지퍼백에 닭안심, 재료 A를 모두 넣어
   섞은 다음 냉장실에서 1시간 이상 재운다.

2 배추 잎은 먹기 좋은 크기로 찢고 줄기는 얇게 저며 썬다. 깍지 완
   두콩은 줄기를 제거하고 소금(약간, 분량 외)을 넣은 끓는 물에 1분
   간 데친 다음 물기를 빼고 길게 2등분한다.

3 쿠킹포일에 1, 버터를 넣어 감싸고 오븐 토스터에서 갈색 빛이 돌
   때까지 8~10분간 노릇하게 구운 다음 먹기 좋은 크기로 썬다.

4 그릇에 배추 잎, 3을 담고 깍지 완두콩을 올린 다음 파르메산치즈
   를 뿌린다.

memo 깍지 완두콩은 콩깍지와 콩을 모두 먹을 수 있어요. 씹는 맛이 살아있는
      도톰한 깍지 완두콩을 살짝 데쳐 2등분하고 콩이 잘 보이도록 올리면 샐
      러드를 더 특별하게 만들어요.

여주 양배추 다시마 샐러드

1인분
51
kcal

ingredients (2~3인분)

여주	1/2개(100g)
양배추	1장
양하	1개
생강	1톨(6g)
다시마(염장)	5g

A
간장	1/2큰술
참기름	1/2큰술
쌀식초	1큰술
흰깨(으깬 것)	2작은술

1 여주는 길게 2등분하고 숟가락으로 씨와 꼭지를 제거한 다음 2mm 두께로 썬다. 볼에 여주, 소금(1작은술, 분량 외)을 넣어 버무리고 물로 가볍게 헹군 다음 물기를 짠다.

2 양배추는 5mm 두께로 채썰기한다. 볼에 양배추, 소금(약간, 분량 외)을 넣고 버무린 다음 물기를 짠다. 양하, 생강은 채썰기한다.

3 볼에 1, 2, 다시마, 재료 A를 모두 넣고 골고루 섞는다.

memo 여주는 식욕을 증진시키고 무더위 예방에도 도움을 준답니다. 양배추와 양하의 단맛을 동시에 즐겨보세요.

물냉이 쑥갓 샐러드

1인분
48
kcal

ingredients (2~3인분)

물냉이 ····················· 1줌(50g)
쑥갓 ························ 1줌(50g)
생강 ························ 5톨(30g)
식용유 ····················· 적당량
참깨 드레싱(p.86) ········ 1~2큰술

1 물냉이, 쑥갓은 3cm 길이로 썬다. 생강은 채썰기한다.

2 프라이팬에 2cm 깊이로 식용유를 붓고 160℃로 가열한다.
   생강을 3~4분간 튀긴 다음 키친타월을 깐 쟁반에 올린다.

3 그릇에 물냉이, 쑥갓을 담고 2를 뿌린 다음 참깨 드레싱을
   곁들인다.

memo 특유의 향을 가진 물냉이와 쑥갓을 듬뿍 넣고 매콤달콤한 참깨 드
      레싱을 곁들여 맛의 밸런스를 맞췄어요. 중독성 있는 맛으로 식욕
      을 자극한답니다.

레몬 데리야키 치킨 샐러드

ingredients (2~3인분)

닭다리살	1쪽(250g)		올리브오일	2작은술
소금	약간		청주	2큰술
흑후추(굵게 간 것)	약간		간장	2큰술
레몬	1/2개		맛술	1큰술
토마토	1개(100g)	A	물	1큰술
상추	5장		설탕	2작은술

1 닭다리살은 포크로 몇 군데 구멍을 내고 소금, 흑후추로 밑간한
   다. 레몬은 5mm 두께로 둥글게 썬다. 지퍼백에 닭다리살, 레몬을
   넣고 냉장실에서 2시간 이상 재운다.

2 토마토는 5mm 두께로 둥글게 썬다. 상추는 먹기 좋은 크기로 찢
   는다.

3 프라이팬에 올리브오일을 두르고 닭다리살 껍질이 밑을 향하도
   록 1을 올려 중간 불에서 굽다가 노릇해지면 뒤집어 굽는다. 레몬
   은 꺼내고 청주를 넣은 다음 뚜껑을 덮고 약한 불에서 5~6분간
   찌듯이 익히다가 재료 A를 모두 넣어 양념을 골고루 입힌다. 팬에
   서 꺼내 1.5cm 폭으로 썬다.

4 그릇에 상추를 깔고 토마토, 레몬을 번갈아 겹쳐 올린 다음 3을
   담는다.

memo 닭다리살과 함께 재운 레몬을 노릇하게 구우면 특유의 신맛이 사라지고
      쌉쌀한 맛이 나요. 레몬의 새로운 매력을 발견하게 될 거예요.

양배추 츠쿠네[*] 샐러드

ingredients (2~3인분)

양배추	3장
쪽파	2줄기
A 마늘	1톨(6g)
설탕	1작은술
간장	1큰술
맛술	2작은술
B 닭가슴연골	50g
대파	20g
생강	1톨(6g)
닭고기(다진 것)	150g
간장	1작은술
마요네즈	1작은술
참기름	1큰술
물	100ml
흰깨(볶은 것)	1작은술
달걀노른자	1개분

1 양배추는 5mm 두께로 채썰기한다. 쪽파는 송송 썬다. 재료 A의 마늘은 간 다음 재료 A를 모두 섞는다.

2 재료 B의 닭가슴연골은 굵게 다지고 대파, 생강은 잘게 다진 다음 재료 B를 모두 섞고 점성이 생길 때까지 반죽한다. 동그랗게 빚어 츠쿠네 6개를 만든다.

3 프라이팬에 참기름을 두르고 2를 넣어 중간 불에서 노릇해질 때까지 골고루 익힌다. 프라이팬 가장자리에 물을 넣고 뚜껑을 덮어 약한 불에서 2~3분간 찌듯이 익힌다.

4 3의 수분이 반으로 줄면 뚜껑을 열고 준비한 A를 넣어 골고루 섞는다.

5 그릇에 양배추, 쪽파를 깔고 4를 동그랗게 올린다. 이때 가운데는 비워둔다. 흰깨를 뿌리고 가운데에 달걀노른자를 올린다.

* 츠쿠네: 다진 닭고기로 만든 꼬치구이

POINT

닭가슴연골이 식감을 좌우해요
닭가슴연골은 닭의 가슴 가까이에 있는 부위예요. 오도독오도독한 식감이 특징인데 굵게 다져 반죽에 넣으면 씹는 재미가 더해져요.

---

memo 양배추에 함유된 비타민 U는 위 점막을 보호해 소화를 도와줘요. 다진 닭고기로 만드는 츠쿠네는 맛이 담백해 자극적이지 않아요.

브로콜리 앙카케* 샐러드

ingredients (2〜3인분)

브로콜리 …………… 1/2개(100g)

연두부 …………… 1/2모(150g)

생강 ……………… 2톨(12g)

참기름 ……………… 2작은술

닭고기(다진 것) …………… 200g

A
┃ 육수(물 150ml + 시판 일식 액상
┃ 조미료 1/4작은술) ……… 150ml
┃ 청주 ……………… 2큰술
┃ 소금 ……………… 1/3작은술

전분물(물과 전분가루를 1:1 비율로
섞은 것) ……………… 적당량

시금치(샐러드용) ……………… 20g

1 브로콜리는 먹기 좋은 크기로 썰어 끓는 물에 2분간 데친
   다음 체로 건진다. 연두부는 사방 1cm 크기로 썬다. 생강
   은 잘게 다진다.

2 프라이팬에 참기름을 두르고 생강을 넣어 약한 불에서 볶
   다가 생강 향이 나면 닭고기를 넣고 고슬고슬해질 때까지
   고무주걱으로 저으며 볶는다. 연두부, 재료 A를 모두 넣고
   한소끔 끓인 다음 전분물을 골고루 넣는다.

3 그릇에 시금치를 깔고 브로콜리를 담은 다음 2를 듬뿍 올
   린다. 기호에 따라 굵게 간 흑후추를 뿌려도 좋다.

＊ 앙카케: 점성이 있는 소스를 얹은 요리

memo 브로콜리는 살짝 데쳐야 아삭해요. 너무 오래 데쳐서 식감이 무르
면 씹는 맛이 사라지니 주의하세요.

고기 숙주
반숙달걀 샐러드

1인분
220
kcal

ingredients (2~3인분)

숙주 ······················ 1봉지(200g)
생강 ························· 1톨(6g)
참기름 ····················· 2작은술
돼지고기(다진 것) ············· 150g
| 미소된장 ········· 1과 1/2큰술
| 맛술 ······················· 1큰술
A
| 간장 ····················· 2작은술
| 굴소스 ················· 2작은술
반숙달걀(p.242) ················ 1개
시치미 양념 ············· 1/3작은술

1 냄비에 넉넉한 물과 소금(약간, 분량 외)을 넣고 끓어오르면 숙주를
   30초~1분간 데친 다음 체로 건져 물기를 뺀다. 생강은 잘게 다
   진다.

2 프라이팬에 참기름을 두르고 생강을 넣어 약한 불에서 볶다가 생
   강 향이 나면 돼지고기를 넣고 중간 불에서 고슬고슬해질 때까지
   고무주걱으로 저으며 볶는다. 반 정도 익으면 재료 A를 모두 넣고
   볶는다.

3 그릇에 숙주를 깔고 2를 담은 다음 반숙달걀을 올리고 시치미 양
   념을 뿌린다.

memo 부드러운 반숙달걀의 풍미가 진한 양념의 돼지고기와 어우러져 맛의 균형
      을 잡아줘요. 숙주는 오래 데치면 비타민 C가 파괴되니 주의하세요.

구운 파 닭똥집 유자후추 샐러드

1인분
129
kcal

ingredients (2~3인분)

닭똥집	150g	청주	1큰술
대파	1대	간장	2작은술
물냉이	2줌(100g)	참기름	2작은술
마늘	1톨(6g)	A 쌀식초	1작은술
생강	1톨(6g)	유자후추	1/2작은술
참기름	2작은술	시치미 양념	적당량
간장	2작은술		

1 닭똥집은 연결된 부분을 자르고 얇은 막을 제거한 다음 5mm 간격으로 얇게 칼집을 낸다. 대파는 4cm 길이로 어슷썰기한다. 물냉이는 3cm 길이로 썬다. 마늘, 생강은 잘게 다진다.

2 프라이팬에 참기름을 두르고 마늘, 생강을 넣어 약한 불에서 볶다가 마늘 향이 나면 닭똥집을 넣고 중간 불에서 볶는다. 닭똥집의 표면이 노릇해지면 대파, 간장, 청주를 넣고 수분기가 사라질 때까지 볶는다.

3 볼에 물냉이, 2, 재료 A를 모두 넣고 섞어 그릇에 담은 다음 시치미 양념을 뿌린다.

memo '대파 닭꼬치를 샐러드로 만들면 어떨까?' 하는 아이디어에서 착안해 개발한 메뉴랍니다. 대파는 흰 부분이 노릇노릇해질 때까지 충분히 볶아야 단맛이 우러나요.

우엉 닭날개 샐러드

1인분
216
kcal

ingredients (2~3인분)

닭날개	8개		물	300ml
소금	약간		청주	2큰술
흑후추(굵게 간 것)	약간	A	간장	1과 1/2큰술
우엉	1개(150g)		설탕	2작은술
새송이버섯	2개(100g)		굴소스	2작은술
줄기콩	6개		참깨 드레싱(p.86)	1큰술
참기름	2작은술			

1   닭날개는 소금, 흑후추로 밑간한다. 우엉은 5cm 길이로 썰고 세
    로로 4등분한다. 새송이버섯은 가로로 2등분한 다음 세로로 4등
    분한다. 줄기콩은 4cm 길이로 썬다.

2   프라이팬에 참기름을 두르고 닭날개 껍질이 밑을 향하도록 올린
    다음 우엉을 넣고 굽는다. 닭날개가 살짝 노릇해지면 새송이버섯,
    재료 A를 모두 넣고 중간 불에서 수분기가 사라질 때까지 조린다.
    중간에 줄기콩을 넣고 거품이 생길 때마다 걷어낸다.

3   그릇에 2를 담고 참깨 드레싱을 뿌린다.

memo   우엉은 씹는 맛이 살아있도록 큼직하게 썰어서 조려야 파근파근한 식감을
       즐길 수 있고, 닭날개와도 잘 어우러져요. 먹고 나면 속이 든든해진답니다.

쑥갓 소고기 타다키
청귤 샐러드

1인분
183
kcal

ingredients (2〜3인분)

소고기 넓적다리살(덩어리) ··· 200g
소금 ······················ 1/3작은술
흑후추(굵게 간 것) ······ 1/3작은술
청귤 ························· 1개

A ｜ 양파 ················· 1/4개(50g)
A ｜ 폰즈소스 ················· 80ml
A ｜ 청귤즙 ················· 1개분
참기름 ················· 1큰술

쑥갓 ··················· 1줌(50g)
브로콜리 새싹 ········· 1/2팩(20g)
쪽파 ···················· 2줄기

1 소고기 넓적다리살은 실온 상태로 만든 다음 소금, 흑후추로 밑간 한다. 청귤은 2mm 두께로 둥글게 썬다. 재료 A의 양파는 간 다음 재료 A를 모두 섞는다.

2 프라이팬에 참기름을 두르고 중간 불에서 소고기의 표면이 진한 갈색 빛이 될 때까지 굽다가 쿠킹포일로 2겹으로 감싸 잔열이 사라질 때까지 둔다. 지퍼백에 소고기, 준비한 A를 넣고 냉장실에서 2시간 30분~3시간 정도 재운다.

3 쑥갓은 3cm 길이로 썬다. 브로콜리 새싹은 밑동을 제거한다. 쪽파는 송송 썬다.

4 2는 얇게 썬다. 이때 지퍼백에 있는 소스 2큰술을 남긴다.

5 볼에 4, 쑥갓, 브로콜리 새싹을 넣고 섞어 그릇에 담은 다음 청귤, 쪽파를 올리고 남겨둔 소스를 곁들인다.

memo 쑥갓은 조리하지 않고 생으로 먹어도 맛있답니다. 맛이 진한 드레싱이나 소스를 곁들이면 특유의 쓸쓸함이 중화돼요.

연근튀김 소고기 샐러드

1인분
202
kcal

ingredients (2~3인분)

연근 ····················· 40g
경수채 ················ 1줌(50g)
적양파 ················ 1/6개(25g)
생강 ················ 3톨(18g)
간장 ············· 1과 1/2큰술
A 청주 ············· 1과 1/2큰술
맛술 ·················· 2작은술
꿀 ···················· 1큰술
소고기(불고기용) ············· 150g
식용유 ················· 적당량

1   연근은 3mm 두께로 얇게 썬 다음 식초물(물 400ml에 식초 1작은술
    비율, 분량 외)에 5~6분간 담갔다가 꺼내 키친타월로 물기를 완전
    히 닦는다. 경수채는 3cm 길이로 썬다. 적양파는 2mm 두께로
    얇게 썰어 물에 5분간 담갔다가 꺼내 물기를 뺀다.

2   재료 A의 생강은 채썰기한 다음 냄비에 재료 A를 모두 넣고 중간
    불에서 한소끔 끓이다가 소고기를 넣어 수분기가 사라질 때까지
    조린다.

3   프라이팬에 2cm 높이로 식용유를 붓고 170℃로 가열한다. 연근
    을 넣고 바삭해질 때까지 튀긴 다음 키친타월을 깐 쟁반에 올린다.

4   그릇에 경수채, 적양파를 깔고 2를 올린 다음 3을 뿌린다.

memo   튀긴 연근은 잎채소나 고기, 생선과는 다른 바삭바삭한 식감으로 샐러드
         의 포인트가 된답니다. 씹는 재미가 있어 추천하는 식재료예요.

소고기 샤부샤부 아보카도 샐러드

1인분
244
kcal

ingredients (2~3인분)

아보카도 ···························· 1개
이자벨 양상추 ··················· 6장
자색 무 ··························· 50g
무 ································ 100g
소고기 등심(샤부샤부용) ······ 120g
│   폰즈소스 ··················· 2큰술
A
│   참기름 ···················· 2작은술
연어 알(간장 절임) ··········· 적당량

1   아보카도는 껍질을 벗겨 씨를 빼고 1cm 두께로 썬다. 이자벨 양
    상추는 먹기 좋은 크기로 찢는다. 자색 무는 반달썰기한다. 무는
    간 다음 물기를 꼭 짠다.

2   냄비에 물을 넉넉히 넣고 끓인 다음 소고기 등심을 1장씩 넣어
    데친다. 얼음물에 담가 식히고 체에 밭쳐 물기를 뺀다. 볼에 재료
    A를 모두 넣고 섞는다.

3   그릇에 아보카도, 이자벨 양상추, 자색 무, 소고기를 담는다. 무,
    연어 알을 올리고 준비한 A를 곁들인다.

memo   자색 무, 연어 알 등 색채가 다양한 식재료를 듬뿍 넣어 눈이 즐거운 샐러
       드예요. 그릇에 담을 때는 각각의 재료를 나누어 조화롭게 올리면 색감이
       더욱 돋보여요.

돼지고기 샤부샤부 가지 명란 무즙 샐러드

1인분
146
kcal

ingredients (2~3인분)

가지 ····················· 2개	돼지고기 등심(샤부샤부용) ······· 100g
경수채 ················ 1줌(50g)	｜ 흰깨(볶은 것) ············ 2작은술
무순 ·················· 1/3팩	A 폰즈소스 ·················· 1큰술
무 ··················· 100g	｜ 참기름 ·················· 2작은술
명란젓 ············· 1/2개(40g)	김(잘게 썬 것) ················ 적당량

1 가지는 꼭지를 제거해 세로로 칼집을 넣고 랩으로 감싸 전자레인
  지에서 4분간 데운다. 전자레인지에서 꺼내 물에 살짝 헹구고 물
  기를 뺀 다음 손으로 길게 4등분한다.

2 경수채는 3cm 길이로 썬다. 무순은 밑동을 제거한다. 무는 곱게
  간 다음 물기를 꼭 짠다. 명란젓은 얇은 껍질을 벗기고 알을 발라
  내 갈아둔 무와 섞어 명란 무즙을 만든다.

3 냄비에 물을 넉넉히 넣고 끓인 다음 돼지고기 등심을 1장씩 넣어
  데친다. 얼음물에 담가 식히고 체에 밭쳐 물기를 뺀다. 볼에 재료
  A를 모두 넣고 섞는다.

4 그릇에 경수채 → 무순 → 가지 → 돼지고기 → 명란 무즙 순으로
  올린 다음 김을 곁들이고 준비한 A를 뿌린다.

memo 가지는 물기를 뺄 때 안에서 뜨거운 물이 나올 수 있어요. 고무주걱으로
가지를 가볍게 눌러 물기를 뺀 다음 손으로 나눠주세요.

참마 미역귀 돼지고기 샤부샤부 샐러드

1인분
112
kcal

ingredients (2~3인분)

참마	4cm(60g)
상추	2장
미역(염장)	20g
돼지고기 등심(샤부샤부용)	120g
미역귀	50g
도로로콘부*	적당량
대파 무 드레싱(p.84)	1~2큰술

1 참마는 3mm 두께로 채썰기한다. 상추는 먹기 좋은 크기로 찢는다. 미역은 깨끗이 썻어 소금기를 제거하고 3cm 폭으로 썬다.

2 냄비에 물을 넉넉히 넣고 끓인 다음 돼지고기를 1장씩 넣어 데친다. 얼음물에 담가 식히고 체에 밭쳐 물기를 뺀다.

3 그릇에 1, 2를 담는다. 미역귀, 도로로콘부를 올리고 대파 무 드레싱을 뿌린다.

* 도로로콘부: 다시마를 가늘게 썰어 만든 식품

memo 소화를 돕는 디아스타아제가 풍부한 참마는 위 건강에 도움을 주는 채소 중 하나예요. 디아스타아제는 열에 약하니 익히지 않고 생으로 먹는 것이 좋아요.

돼지고기 갓 절임 명란젓 샐러드

ingredients (2~3인분)

명란젓	1/4개(20g)
쪽파	8줄기
마늘	1톨(6g)
참기름	2작은술
돼지고기(얇게 썬 것)	150g
갓 절임(시판)	50g
간장	2작은술
청주	1큰술

1 명란젓은 얇은 껍질을 벗기고 알을 발라낸다. 쪽파는 4cm 길이로 어슷썰기한다. 마늘은 잘게 다진다.

2 프라이팬에 참기름을 두르고 마늘을 넣어 약한 불에서 볶다가 마늘 향이 나면 돼지고기, 갓 절임을 넣고 볶은 다음 간장, 청주를 넣는다.

3 그릇에 쪽파, 2를 담고 명란젓을 곁들인다.

memo 돼지고기에는 피로 해소 효과가 뛰어난 비타민 B1이 풍부해요. 마늘과 함께 섭취하면 효능이 더 좋아진답니다.

생강구이 샐러드

1인분
241
kcal

ingredients (2~3인분)

돼지고기 목살(얇게 썬 것) ······· 200g		생강 ························ 2톨(12g)	
차조기 ····························· 3장		설탕 ························· 2작은술	
양하 ······························· 1개		간장 ·························· 1큰술	
대파 ····························· 20g	A	맛술 ·························· 1큰술	
양상추 ···························· 4장		청주 ·························· 1큰술	
숙주 ······················ 1/2봉지(100g)		굴소스 ······················ 2작은술	
참기름 ························· 2작은술		흰깨(볶은 것) ················· 1큰술	

1   돼지고기 목살은 네 군데에 칼집을 넣어 힘줄을 끊는다.

2   차조기, 양하는 채썰기한다. 대파는 길게 반으로 갈라 심지를 제
거하고 채썰기한다.

3   양상추는 1cm 두께로 채썰기한다. 숙주는 끓는 물에 1분간 데치
고 체에 밭쳐 물기를 뺀다.

4   프라이팬에 참기름을 두르고 돼지고기를 넣어 중간 불에서 볶다
가 반 정도 익으면 재료 A를 모두 넣고 골고루 섞으며 볶는다.

5   그릇에 3을 깔고 4를 담은 다음 2를 올린다.

memo   돼지고기로 양상추, 숙주를 감싸고 좋아하는 고명을 곁들여 먹어보세요.

이부리갓코 간장달걀 감자 샐러드

ingredients (2〜3인분)

감자 ·································· 3개(300g)		마요네즈 ···················· 3큰술	
식초 ·································· 1작은술		간장 ···························· 1작은술	A
이부리갓코(시판) ·················· 30g	A	소금 ···························· 1/4작은술	
간장달걀(p.242) ····················· 1개		흑후추(굵게 간 것) ······· 1/4작은술	
무순 ·································· 1/3팩		가다랑어포 ···················· 1팩(2g)	

1 감자는 껍질을 벗긴다. 냄비에 넉넉한 물과 소금(약간, 분량 외)을 넣고 끓어오르면 감자를 넣어 젓가락이 쑥 들어갈 때까지 삶은 다음 체로 건진다. 물은 버리고 냄비에 다시 감자를 넣어 중간 불에서 냄비를 가볍게 흔들며 볶는다. 감자에 포슬포슬 분이 나면 불을 끄고 뜨거울 때 식초를 넣은 다음 볼에 옮겨 고무주걱으로 으깬다.

2 이부리갓코는 사방 5mm 크기로 썬다. 간장달걀은 세로로 4등분해 가로로 2등분한다. 무순은 밑동을 제거하고 3cm 길이로 썬다.

3 1의 잔열이 식으면 2, 재료 A를 모두 넣고 섞어 그릇에 담은 다음 가다랑어포를 올린다.

memo 이부리갓코는 일본 아키타 지방의 특산물로 훈제 단무지 절임이에요. 스모키한 향이 평범한 감자 샐러드에 매력을 더하죠. 특유의 식감을 느낄 수 있도록 네모나게 썰어주세요.

오이무침 고수 샐러드

67 kcal

ingredients (2~3인분)

오이 ····················· 2개(200g)
고수 ······················· 2줄기
A ┌ 마늘 ·················· 1톨(6g)
  │ 홍고추 ················· 1/2개
  │ 다시마(염장) ············· 5g
  │ 굴소스 ··············· 2작은술
  └ 참기름 ················ 1큰술
벚꽃새우* ················· 2큰술
흰깨(으깬 것) ············· 1작은술

1 오이는 지퍼백에 넣고 큼직하게 갈라지도록 밀대로 두드린
   다음 먹기 좋은 크기로 길게 썬다. 고수는 2cm 길이로 썬다.

2 재료 A의 마늘은 갈고 홍고추는 씨를 빼고 송송 썰고 다시
   마는 가위로 잘게 썬 다음 재료 A를 모두 섞는다.

3 볼에 오이, 준비한 A를 넣고 골고루 무친 다음 고수를 넣고
   섞어 그릇에 담는다. 벚꽃새우를 올리고 흰깨를 뿌린다.

* 벚꽃새우: 주로 일본에서 잡히는 작은 크기의 새우

memo 드레싱 역할을 하는 양념을 골고루 버무려야 맛있어요. 무더운 여
름날에 특히 잘 어울리는 깔끔한 맛이랍니다.

스틱 채소 샐러드

1인분
76
kcal

ingredients (2~3인분)

카리카리우메*(시판) ············ 4개
크림치즈 ······················· 50g
채소(이 레시피에서는 파프리카, 당근,
오이, 무, 방울토마토 사용) ···· 적당량
가다랑어포 ················· 1팩(2g)
간장 ······················ 1/2작은술

1 카리카리우메는 씨를 빼고 굵게 다진다. 크림치즈는 실온
   상태로 만든다.
2 파프리카, 당근, 오이, 무는 7cm 길이의 스틱 모양으로 썬다.
3 볼에 1, 가다랑어포, 간장을 넣고 골고루 섞는다.
4 그릇에 2와 방울토마토를 담고 3을 곁들인다.

＊ 카리카리우메: 생매실을 아삭하게 절인 식품

memo 크림치즈의 진한 맛과 매실의 새콤함이 어우러진 특제 딥소스예요.
아삭한 카리카리우메의 식감이 채소에 손이 가게 만든답니다.

채소튀김 유자 샐러드

1인분
352
kcal

ingredients (2~3인분)

닭다리살	1쪽(250g)	가지	1개
유자	1/2개	파프리카(노란색)	1/2개
간장	1과 1/2큰술	토마토	1개(100g)
A 맛술	1과 1/2큰술	양상추	4장
흑후추(굵게 간 것)	1/4작은술	식용유	적당량
전분가루	적당량	유자후추 드레싱(p.85)	2큰술

1 닭다리살은 한입 크기로 썬다. 유자는 껍질을 살짝 벗기고 즙을
   짠다. 볼에 닭다리살, 유자즙, 재료 A를 모두 넣어 버무리고 랩을
   씌워 냉장실에서 20분 이상 재운 다음 전분가루를 얇게 입힌다.

2 가지, 파프리카는 큼직하게 썬다. 토마토는 세로로 6등분하여 빗
   모양썰기한다. 양상추는 먹기 좋은 크기로 찢는다.

3 냄비에 4cm 깊이로 식용유를 붓고 170℃로 가열한다. 1을 3분간
   튀긴 다음 키친타월을 깐 쟁반에 올려 5분간 둔다. 가지, 파프리
   카를 2~3분간 튀긴다. 식용유를 180℃로 가열하고 닭다리살을
   1분 30초간 더 튀겨 같은 쟁반에 올린다.

4 그릇에 양상추를 깔고 토마토, 3을 담는다. 즙을 짜고 남은 유자
   껍질을 채썰기해 올리고 유자후추 드레싱을 뿌린다.

memo 유자는 껍질까지 알뜰하게 활용해보세요. 칼로 껍질을 벗겨 튀김류 샐러
      드에 곁들이면 상큼한 맛을 더할 수 있답니다.

순무와 4가지 향신채소 샐러드

ingredients (2~3인분)

순무(작은 것) ·············· 4개(160g)
대파 ···························· 30g
양하 ···························· 2개
차조기 ·························· 4장
생강 ···························· 2톨(12g)
매실 누룩 드레싱(p.84) ······· 2큰술

1 순무는 물로 깨끗이 씻어 밑동의 흙을 제거하고 잎과 뿌리를 나
   눈다. 잎은 잘게 다지고 뿌리는 껍질째 세로로 8등분하여 빗모양
   썰기한 다음 볼에 소금(약간, 분량 외)과 함께 넣고 버무린다. 수분
   이 나오면 키친타월로 물기를 닦는다.
2 대파, 양하는 2mm 두께로 송송 썬다. 차조기, 생강은 잘게 다진다.
3 볼에 순무 잎, 2를 넣고 섞는다.
4 그릇에 순무 뿌리를 담고 3을 올린 다음 매실 누룩 드레싱을 뿌
   린다.

memo 순무 잎의 주요 성분인 카로틴은 체내에서 비타민 A로 변해 면역력을 높
      이고 감기 예방에도 좋아요.

낫토 멜로키아* 하루사메** 샐러드

1인분
79
kcal

ingredients (2~3인분)

낫토 ······················· 1팩(50g)
멜로키아 ·················· 1줌(80g)
오크라*** ······················ 4개
양하 ······························ 1개
단무지 ·························· 10g
하루사메(건조) ················· 20g
청귤 흑식초 드레싱(p.85) ···· 3큰술

1   낫토는 끈기가 생기도록 골고루 섞는다. 냄비에 넉넉한 물과 소금
    (약간, 분량 외)을 넣고 끓어오르면 멜로키아, 오크라를 각각 1분씩
    데친 다음 체에 밭쳐 물기를 빼고 칼로 두드린다. 이때 오크라는
    굵게 두드린다. 양하는 채썰기한다. 단무지는 사방 5cm 크기로
    썬다.
2   하루사메는 끓는 물에 1~2분간 삶아 체로 건진다.
3   볼에 1, 2를 넣고 섞은 다음 청귤 흑식초 드레싱을 뿌린다.

* 멜로키아: 이집트 원산의 식물로 시금치로 대체 가능

** 하루사메: 일본식 당면

*** 오크라: 아욱과에 속하는 채소로 풋고추로 대체 가능

memo 멜로키아의 끈적한 점액 성분인 뮤신은 위장과 눈 등의 점막을 보호하고
      간 기능을 높이는 효능이 있어요. 칼로 잘게 두드리면 점액질이 배어 나와
      하루사메와 골고루 섞인답니다.

죽순 두부튀김 샐러드

1인분
146
kcal

ingredients (2~3인분)

죽순 통조림 ················· 100g

튀긴 두부 ················ 1모(150g)

오이 ···················· 1/2개(50g)

상추 ························· 4장

생강 ···················· 2톨(12g)

버터 ························· 20g

간장 ····················· 2작은술

소금 ··················· 1/4작은술

흑후추(굵게 간 것) ······· 1/4작은술

폰즈소스 ················· 1큰술

실고추 ····················· 적당량

1 죽순은 5cm 길이로 빗모양썰기한다. 튀긴 두부는 1cm 두께로 썬다. 오이는 길게 2등분해 어슷썰기한다. 상추는 먹기 좋은 크기로 찢는다. 생강은 2mm 두께로 얇게 썬다.

2 프라이팬에 버터를 녹이고 생강을 넣어 약한 불에서 볶다가 생강 향이 나면 죽순, 튀긴 두부를 나란히 올리고 중간 불에서 양면을 천천히 익힌다. 간장, 소금, 흑후추를 뿌린다.

3 그릇에 상추를 깔고 2를 담는다. 오이를 올리고 폰즈소스를 뿌린 다음 실고추를 곁들인다.

memo 죽순에 함유된 칼륨은 염분 배출을 돕고 고혈압 예방에도 효과적이에요. 생강 향과 간장의 구수한 감칠맛이 튀긴 두부에 스며들어 맛있는 샐러드가 돼요.

낫토 양배추 다시마 마요 샐러드

1인분
138
kcal

ingredients (2~3인분)

낫토 ·························	2팩(100g)
양배추 ······················	4장
김(구운 것) ··················	적당량
│ 마늘 ···················	1/2톨(3g)
A 마요네즈 ·················	2큰술
│ 간장 ····················	1작은술
다시마(염장) ·················	5g
가다랑어포 분말 ··········	1작은술

1 낫토는 끈기가 생기도록 골고루 섞는다. 양배추는 2mm 두께로 채썰기한다. 김은 먹기 좋은 크기로 찢는다. 재료 A의 마늘은 간 다음 재료 A를 모두 섞는다.

2 볼에 낫토, 양배추, 다시마, 준비한 A를 넣고 섞어 그릇에 담는다. 김을 골고루 올리고 가다랑어포 분말을 뿌린다.

memo 낫토는 양배추와 함께 먹어도 존재감을 확실하게 드러내지요. 낫토를 이용해 누구나 간편하게 만들 수 있는 레시피랍니다.

미나리 구운 어묵 샐러드

1인분
176
kcal

ingredients (2~3인분)

미나리 ···················· 2줌(100g)	버터 ······················ 15g
구운 어묵(시판) ··················· 3개	간장 ···················· 2작은술
A 물 ······················· 3큰술	검은깨(볶은 것) ············· 1작은술
박력분 ····················· 3큰술	생강 드레싱(p.84) ············· 3큰술
파래김 ····················· 1작은술	

1 미나리 잎은 손으로 찢고 줄기는 3cm 길이로 썬다.

2 구운 어묵은 4cm 폭으로 어슷썰기한다. 볼에 재료 A를 모두 섞
   은 다음 구운 어묵을 넣어 살짝 버무린다.

3 프라이팬에 버터를 녹이고 2를 넣어 중간 불로 노릇해질 때까지
   구운 다음 간장을 넣는다.

4 볼에 미나리, 3을 넣고 섞어 그릇에 담는다. 검은깨를 뿌리고 생
   강 드레싱을 곁들인다.

memo 미나리는 아삭한 식감과 향긋한 향으로 음식에 특별함을 더하는 채소예
요. 국물 요리에 넣어도 맛이 깔끔해지고요.

아보카도 버섯 샐러드

1인분
102
kcal

ingredients (2~3인분)

아보카도 ························· 1개		쌀식초 ························· 1큰술
팽이버섯 ···················· 1/2팩(50g)		간장 ························· 1작은술
맛버섯 ······················ 1/2팩(70g)	A	미소된장 ···················· 2작은술
오크라 ························· 4개		흰깨 페이스트 ············· 2작은술
양상추 ························· 5장		김(잘게 썬 것) ················· 적당량

1 아보카도는 껍질을 벗겨 씨를 빼고 사방 1.5cm 크기로 깍둑썰기
   한다. 팽이버섯은 밑동을 제거한 다음 1cm 길이로 썰고 맛버섯
   은 손으로 나눈다. 팽이버섯, 맛버섯은 끓는 물에 1~2분간 데친
   다음 체에 밭쳐 물기를 뺀다.

2 냄비에 넉넉한 물과 소금(약간, 분량 외)을 넣고 끓어오르면 오크라
   를 30초~1분간 데친 다음 체로 건져 5mm 두께로 송송 썬다. 양
   상추는 먹기 좋은 크기로 찢는다.

3 볼에 1, 오크라, 재료 A를 모두 넣고 섞는다.

4 그릇에 양상추를 깔고 3을 담은 다음 김을 올린다.

memo 부드러운 아보카도와 끈적끈적한 맛버섯의 식감이 조화를 이루는 샐러드
예요. 숟가락으로 가볍게 섞어 먹으면 풍미를 느낄 수 있어요.

잎새버섯 감자 샐러드

1인분
121
kcal

ingredients (2~3인분)

잎새버섯 ···················· 1팩(50g)
감자 ···················· 2개(200g)
게맛살 ···················· 2개(30g)
쪽파 ···················· 1줄기
A ┌ 마요네즈 ··············· 2큰술
  │ 두유(무조정) ············· 1큰술
  │ 간장 ··················· 1작은술
  └ 유자후추 ············ 1/3작은술

1. 잎새버섯은 밑동을 제거하고 먹기 좋은 크기로 떼어낸 다음 끓는 물에 1분간 데쳐 물기를 뺀다. 감자는 껍질을 벗긴다. 냄비에 넉넉한 물과 소금(약간, 분량 외)을 넣고 끓어오르면 감자를 넣어 젓가락이 쑥 들어갈 때까지 삶은 다음 체로 건지고 세로로 4등분하여 빗모양썰기한다.

2. 게맛살은 먹기 좋은 크기로 찢는다. 쪽파는 송송 썬다.

3. 볼에 1, 게맛살, 재료 A를 모두 넣고 섞어 그릇에 담고 쪽파를 뿌린다.

memo 유자후추의 톡 쏘는 매콤함 덕분에 자꾸만 손이 가는 샐러드예요. 유자후추는 조금씩 넣으며 매운맛을 조절하세요.

풋콩 톳 우메보시 샐러드

ingredients (2~3인분)

풋콩(알맹이) ························· 50g
톳(말린 것) ························ 5g
당근 ···················· 1/3개(50g)
만가닥버섯 ············· 1/2팩(50g)
파드득나물 ················· 1줌(30g)
우메보시 ························ 2개
　 오일 정어리 통조림 ··· 1/2캔(50g)
A　 굴소스 ·················· 2작은술
　 참기름 ··················· 2작은술

1 풋콩은 껍질째 끓는 물에 넣고 3~4분간 삶은 다음 체로 건
져 물기를 뺀다. 껍질을 벗기고 얇은 막을 제거한다. 톳은 뜨
거운 물에 10분간 불린 다음 체에 밭쳐 물기를 뺀다.

2 당근은 2mm 두께로 채썰기한다. 만가닥버섯은 밑동을 제
거하고 먹기 좋은 크기로 나눈 다음 끓는 물에 1분간 데치
고 체에 밭쳐 물기를 뺀다. 파드득나물은 2cm 길이로 썬다.
우메보시는 씨를 빼고 잘게 다진다.

3 볼에 1, 2, 재료 A를 모두 넣고 정어리가 으깨지지 않도록
가볍게 섞는다.

memo　풋콩은 얇은 막을 벗기면 식감이 좋아져요. 우메보시 과육의 새콤
함과 정어리의 씹는 식감이 더해져 맛이 심심할 틈이 없어요.

건강한 맛을 지키는 채소 보관법

채소는 무엇보다 신선도가 생명이에요.
가장 맛있게 샐러드를 즐기기 위한 보관 노하우를 알려드릴게요.

잎채소 보관법

1. 잎채소를 얼음물에 담갔다가 꺼내 물기를 완전히 제거해요.

잎채소를 큼직하게 찢거나 썰어 얼음물에 3~5분간 담갔다가 꺼내 물기를 가볍게 털고 키친타월로 닦아요. 샐러드 스피너(채소 탈수기)를 사용해도 편리하고요.

2. 보관 용기에 촉촉한 키친타월을 깔고 잎채소를 넣어요.

보관 용기에 물을 묻힌 키친타월을 깔고 잎채소를 넣어요. 키친타월을 적실 때는 손에 묻혀
뿌리거나 분무기를 사용하면 좋아요. 너무 많이 젖었다면 물기를 짜고 사용하세요.

3. 물기를 머금은 키친타월로 덮고 보관 용기 뚜껑을 닫아요.

촉촉하게 젖은 키친타월로 잎채소를 전체적으로 덮고 뚜껑을 닫아요. 이렇게 보관하면
2~3일 동안 신선한 상태를 유지한답니다. 키친타월은 매일 한 번씩 교체하는 것이 위생
적이에요.

그 외 다양한 채소 보관법

사용하고 남은 자투리 채소를 알뜰하게 보관하는 방법을 소개할게요.

당근 마르기 쉬우니 랩으로 감싸 지퍼백에 넣어요.

냉장 보관: 2~3일
냉동 보관: 약 1개월

양파 얇게 썰어 랩으로 감싼 다음 지퍼백에 넣어요. 냉동 보관할 경우 전자레인지에서 3분간 가열한 다음 식으면 랩으로 감싸 지퍼백에 넣으면 돼요.

냉장 보관: 1~2주일
냉동 보관: 약 1개월

오이 사용하고 남은 오이는 랩으로 감싸 지퍼백에 넣어요. 2~3일 내에 사용하세요.

냉장 보관: 2~3일
냉동 보관: 불가능

버섯 밑동을 제거하고 지퍼백에 넣어요. 자연 해동하거나 냉동 상태 그대로 볶음 요리나 수프를 만들 때 사용하면 돼요.

냉장 보관: 약 1주일
냉동 보관: 약 1개월

쪽파 송송 썰어 지퍼백에 넣어요. 한 번에 사용할 분량만큼 나눠서 보관하세요.

냉장 보관: 1주일
냉동 보관: 약 1개월

브로콜리 한입 크기로 썰어 단단하게 삶은 다음 완전히 식혀 지퍼백에 넣어요.

냉장 보관: 4~5일
냉동 보관: 약 1개월

방울토마토 꼭지를 떼지 않고 꼭지 부분이 살짝 잠길 정도의 물에 담가 냉장 보관하세요.

냉장 보관: 6〜7일
냉동 보관: 불가능

차조기 용기에 1cm 높이로 물을 채우고 차조기의 뿌리를 담가 가볍게 랩을 씌워요.

냉장 보관: 1〜2주일
냉동 보관: 불가능

아보카도 공기와 접촉하면 쉽게 상하므로 씨를 빼지 않은 부분을 보관하세요. 자른 면에 레몬즙을 뿌리고 랩으로 감싸요.

냉장 보관: 2〜3일
냉동 보관: 불가능

POINT

냉동 보관한 채소는 수프 또는 국물 요리, 볶음 요리 등에 사용 가능해요. 보관 가능일은 계절이나 보관 환경에 따라 달라질 수 있답니다. 채소의 상태를 살피며 최대한 빨리 사용하는 것이 가장 좋아요.

한식 · 중식 샐러드

입맛이 없을 때는 화끈하고 매콤달콤한
한식 · 중식 샐러드가 제격이에요. 반찬으로 활용해도 좋답니다.

보쌈 양념 샐러드

1인분
361
kcal

ingredients (2~3인분)

통 삼겹살 ····················· 250g
소금 ························· 1/4작은술
설탕 ························· 1/4작은술
양상추 ·························· 4장
차조기 ·························· 6장
대파 ···························· 30g
실고추 ························ 적당량
양념 드레싱(p.86) ············ 2큰술

1 통 삼겹살은 소금, 설탕으로 밑간하고 지퍼백에 넣어 냉장실에서
   20분간 재운다. 냄비에 넉넉한 물, 삼겹살을 넣고 중간 불에서 가
   열하다가 끓기 직전에 약한 불로 줄여 부글부글 끓지 않도록 온
   도를 조절하며 25~30분간 삶는다. 다 삶아지면 불을 끄고 10분
   간 두었다가 꺼내 1cm 두께로 썬다.
2 양상추는 먹기 좋은 크기로 썬다. 차조기는 채썰기한다. 대파는
   심지를 제거하고 4cm 길이로 채썰기한다.
3 그릇에 양상추를 깔고 1을 담은 다음 실고추를 올린다. 차조기, 대
   파는 작은 그릇에 담는다. 양상추에 삼겹살과 채소를 올려 쌈을
   싼 다음 양념 드레싱을 곁들인다.

memo 부드럽게 삶은 돼지고기를 잎채소로 싸서 매콤달콤한 양념 드레싱을 곁들
      여 먹으면 맛이 일품이에요.

돼지갈비 김치 샐러드

ingredients (2~3인분)

부추	1/2줌(50g)	돼지갈비살(얇게 썬 것)	120g
토마토	2개(200g)	┌ 간장	1과 1/2큰술
마늘	1톨(6g)	A 청주	2큰술
생강	1톨(6g)	└ 맛술	1과 1/2큰술
김치	100g	시금치(샐러드용)	20g
참기름	2작은술	반숙달걀(p.242)	1개

1 부추는 4cm 길이로 썬다. 토마토는 5mm 두께로 둥글게 썬다.
   마늘, 생강은 잘게 다진다. 김치는 적당한 크기로 썬다.

2 프라이팬에 참기름을 두르고 마늘, 생강을 넣어 약한 불에서 볶다
   가 마늘 향이 나면 돼지갈비살, 김치를 넣고 볶는다. 돼지갈비살
   이 노릇해지면 부추, 재료 A를 모두 넣고 볶는다.

3 그릇에 토마토를 시계 방향으로 돌려가며 담고 시금치, 2를 올리
   고 반숙달걀을 곁들인다.

memo 돼지갈비를 샐러드 재료로 활용했어요. 돼지고기에 풍부한 비타민 B1은
      부추와 함께 먹으면 피로 해소 효과가 더 높아지니 피곤할 때 먹어보세요.

소고기 미역 쌈장 샐러드

ingredients (2~3인분)

오이 ····················· 1/2개(50g)
양파 ····················· 1/4개(50g)
상추 ································· 6장
생강 ······················· 2톨(12g)
미역(염장) ····················· 30g
  ┃ 대파 ························· 10g
  ┃ 미소된장 ················· 1큰술
  ┃ 참기름 ··················· 1큰술
A ┃ 설탕 ····················· 1작은술
  ┃ 간장 ····················· 2작은술
  ┃ 맛술 ····················· 2작은술
참기름 ····················· 2작은술
소고기(다진 것) ··············· 120g
  ┃ 소금 ················· 1/4작은술
B ┃ 청주 ····················· 1큰술

1 오이는 길게 2등분하고 어슷썰기한다. 양파는 2mm 두께로 얇게 썰고 물에 5분간 담갔다가 꺼내 물기를 뺀다. 상추는 먹기 좋은 크기로 찢는다. 생강은 잘게 다진다.

2 미역은 깨끗이 씻어 소금기를 제거하고 3cm 폭으로 썬다. 재료 A의 대파는 잘게 다진 다음 재료 A를 모두 섞는다.

3 프라이팬에 참기름을 두르고 생강을 넣어 약한 불에서 볶다가 생강 향이 나면 소고기를 넣고 중간 불에서 고무주걱으로 저으며 고슬고슬해질 때까지 볶는다. 반 정도 익으면 재료 B를 모두 넣는다.

4 그릇에 오이, 상추를 담고 3을 올린다. 양파, 미역을 곁들인 다음 준비한 A를 뿌린다.

memo 된장으로 만드는 쌈장은 맵지 않아서 매운 음식을 먹지 못하는 사람이나 아이들에게 추천하는 메뉴랍니다. 깔끔한 드레싱으로 변신한 쌈장을 맛보세요.

깻잎 돼지고기 샤부샤부 샐러드

ingredients (2~3인분)

깻잎 ····························· 4장
만가닥버섯 ·············· 1/2팩(50g)
상추 ··························· 3장
쪽파 ··························· 2줄기
돼지고기 등심(샤부샤부용) ···· 100g
파소금 드레싱(p.86) ········· 2큰술

1 깻잎은 길게 2등분한다. 만가닥버섯은 밑동을 제거하고 먹기 좋은 크기로 나눈 다음 끓는 물에 1~2분간 데치고 체에 받쳐 물기를 뺀다. 상추는 먹기 좋은 크기로 찢는다. 쪽파는 3cm 길이로 어슷썰기한다.

2 냄비에 물을 넉넉히 넣고 끓인 다음 돼지고기를 1장씩 넣어 데친다. 얼음물에 담가 식히고 체에 받쳐 물기를 뺀다.

3 볼에 1, 2, 파소금 드레싱을 넣고 섞는다.

memo 깻잎은 독특한 향과 은은한 쌉싸래함이 매력적이지요. 매운 음식이나 고기 요리와 잘 어울리고 입 안을 깔끔하게 만든답니다.

물냉이 흰살생선 샐러드

ingredients (2~3인분)

물냉이	1줌(50g)
무순	1/2팩
대파	30g
차조기	4장
흰살생선(도미 등 횟감용)	6토막
양념 드레싱(p.86)	2~3큰술
흰깨(으깬 것)	1작은술
김(잘게 썬 것)	적당량

1 물냉이는 2cm 길이로 썬다. 무순은 밑동을 제거한다. 대파는 어슷썰기한다. 차조기는 채썰기한다.

2 볼에 1, 흰살생선, 양념 드레싱을 넣고 무친다. 그릇에 담고 흰깨를 뿌리고 김을 올린다.

memo 담백한 흰살생선은 감칠맛이 뛰어나고 기름기가 적어 깔끔하게 즐길 수 있어요. 도미 대신 방어로 만들어도 돼요.

숙주 돼지고기 흰깨 산초 샐러드

1인분
197
kcal

ingredients (2~3인분)

숙주	1봉지(200g)	식초	2작은술
부추	1/2줌(50g)	흰깨(으깬 것)	1큰술
마늘	1톨(6g)	참기름	2작은술
생강	1톨(6g)	참기름	2작은술
A 설탕	1작은술	돼지고기(다진 것)	130g
간장	1과 1/2큰술	통 산초	1작은술

1 숙주는 끓는 물에 살짝 데치고 물기를 뺀다. 부추는 송송 썬다. 마늘은 잘게 다진다. 재료 A의 생강은 간 다음 재료 A를 모두 섞는다.

2 프라이팬에 참기름을 두르고 마늘을 넣고 약한 불에서 볶다가 마늘 향이 나면 돼지고기를 넣고 중간 불에서 고무주걱으로 저으며 고슬고슬해질 때까지 볶는다. 부추를 넣고 가볍게 볶은 다음 불을 끈다.

3 볼에 숙주, 2, 준비한 A를 넣고 섞어 그릇에 담은 다음 통 산초를 그라인더로 갈아서 뿌린다.

POINT

산초로 전통 중식의 맛을 내요
산초는 혀를 얼얼하게 만드는 알싸한 향을 지닌 조미료예요. 적은 양만 넣어도 중식 요리의 맛을 느낄 수 있답니다.

---

memo 산초의 독특한 향과 혀를 톡 쏘는 매콤함이 입맛을 사로잡아요. 통 산초는 넣기 전에 그라인더로 갈거나 절구로 으깨 사용하세요.

삼겹살 쌈 샐러드

1인분
449
kcal

ingredients (2~3인분)

통 삼겹살	300g	참기름	2작은술
소금	1/3작은술	고추장	적당량
흑후추(굵게 간 것)	1/3작은술	상추	5장
마늘	1톨(6g)	깻잎	4장
레드와인	100ml	무순	적당량

1 통 삼겹살은 1.5cm 두께로 썰어 소금, 흑후추로 밑간한다. 마늘은 얇게 편썰기한다. 이때 가운데 심은 이쑤시개로 제거한다. 지퍼백에 삼겹살, 마늘을 넣고 냉장실에서 20분간 재운다.

2 1에 레드와인을 넣고 지퍼백의 공기를 뺀 다음 다시 냉장실에서 2시간 이상 숙성시킨다.

3 프라이팬에 참기름을 두르고 2를 넣어 중간 불에서 굽는다. 기름이 배어 나오면 키친타월로 기름을 닦으며 양면을 골고루 구운 다음 그릇에 담고 고추장을 곁들인다.

4 다른 그릇에 상추, 깻잎, 밑동을 제거한 무순을 담는다. 상추 → 깻잎 → 돼지고기, 고추장 → 무순 순으로 올린 다음 쌈을 싸서 먹는다.

memo 삼겹살용 돼지고기를 레드와인에 재우면 육질이 촉촉하고 부드러워져요. 시간적 여유가 있다면 하루 동안 숙성해보세요. 육즙이 풍부해져 더 맛있답니다.

마늘종 다진 고기 샐러드

1인분
172
kcal

ingredients (2~3인분)

마늘종	80g
경수채	1줌(50g)
마늘	1톨(6g)
생강	1톨(6g)
견과류	10개
참기름	2작은술
소고기·돼지고기(다진 것)	130g
설탕	1작은술
간장	2작은술
A 청주	1큰술
굴소스	1작은술
소금	약간
흑후추(굵게 간 것)	약간
실고추	적당량

1 마늘종은 4cm 길이로 어슷썰기한다. 경수채는 3cm 길이로 썬다. 마늘, 생강은 잘게 다진다. 견과류를 굵게 부순다.

2 프라이팬에 참기름을 두르고 마늘, 생강을 넣어 약한 불에서 볶다가 마늘 향이 나면 소고기, 돼지고기를 넣고 중간 불에서 고무주걱으로 저으며 고슬고슬해질 때까지 볶는다. 고기가 반 정도 익으면 마늘종, 재료 A를 모두 넣은 다음 소금, 흑후추를 뿌리고 수분기가 사라질 때까지 볶는다.

3 그릇에 경수채를 깔고 2를 담은 다음 견과류, 실고추를 올린다.

memo 마늘종은 열을 가해도 사각사각한 식감이 남아있어 볶음 요리에 자주 활용해요.

불고기 샐러드

1인분
196
kcal

ingredients (2~3인분)

오이	1/2개(50g)
무	50g
브로콜리 새싹	1/2팩(20g)
로메인	4장
A ┌ 마늘	1톨(6g)
│ 생강	1톨(6g)
│ 간장	1과 1/2큰술
│ 청주	1과 1/2큰술
│ 꿀	2작은술
└ 고추장	1작은술
소고기(얇게 썬 것)	150g
참기름	2작은술
흰깨(볶은 것)	1큰술

1 오이, 무는 4cm 길이로 채썰기한다. 브로콜리 새싹은 밑동을 제거한다. 로메인은 먹기 좋은 크기로 찢는다. 재료 A의 마늘, 생강은 간 다음 재료 A를 모두 섞어 소고기와 버무린다.

2 프라이팬에 참기름을 두르고 소고기를 넣어 중간 불에서 볶는다.

3 그릇에 로메인, 오이, 무, 브로콜리 새싹을 올리고 2를 담은 다음 흰깨를 뿌린다.

memo 고기를 양념에 미리 재우기 때문에 맛이 깊게 배어요. 채소를 듬뿍 곁들여 먹으면 더욱 좋아요.

소고기 목이버섯 잡채 샐러드

ingredients (2~3인분)

목이버섯(건조)	5g
당근	1/3개(50g)
피망(붉은색)	1/2개
마늘	1톨(6g)
홍고추	1개
하루사메(건조)	20g
참기름	1큰술
소고기 불고기용	120g
콩나물	1/2봉지(100g)

A
간장	2큰술
청주	2큰술
맛술	2큰술
설탕	2작은술

1 목이버섯은 물에 10분간 불린 다음 밑동을 제거하고 2등분 한다. 당근, 피망은 채썰기한다. 마늘은 잘게 다진다. 홍고추는 씨를 빼고 송송 썬다.

2 하루사메는 따뜻한 물에 10분간 불린 다음 물기를 빼고 먹기 좋은 길이로 썬다.

3 프라이팬에 참기름을 두르고 마늘, 홍고추를 넣어 약한 불에서 볶다가 마늘 향이 나면 소고기를 넣고 중간 불에서 볶는다. 소고기의 표면이 반 정도 익으면 목이버섯, 당근, 피망, 콩나물을 넣고 채소의 숨이 죽을 때까지 볶는다.

4 채소가 부드러워지면 하루사메, 재료 A를 모두 넣고 골고루 섞으며 볶는다.

POINT

하루사메는 따뜻한 물에 불리세요
하루사메는 따뜻한 물에 불려 수분을 흡수시켜야 간이 잘 배고 쫄깃한 식감이 살아나 포만감도 느낄 수 있어요. 사용 전에는 물기를 완전히 제거해야 한답니다.

---

memo 비타민 D가 풍부한 목이버섯은 칼슘과 인의 흡수를 도와 뼈와 치아를 건강하게 만들어줘요. 잡채는 채소를 듬뿍 섭취할 수 있어 건강 샐러드로 제격이에요.

고수 유린기 샐러드

1인분
236
kcal

ingredients (2~3인분)

닭가슴살 ···················· 1쪽(250g)	
A 설탕 ···················· 1/2작은술	
소금 ···················· 1/4작은술	
청주 ···················· 1큰술	
전분가루 ···················· 적당량	
고수 ···················· 2줄기	
파프리카(붉은색) ············ 1/4개	
상추 ···················· 2장	

대파 ···················· 20g	
마늘 ···················· 1/2톨(3g)	
B 간장 ···················· 1큰술	
쌀식초 ···················· 1큰술	
참기름 ···················· 1큰술	
설탕 ···················· 1작은술	
참기름 ···················· 1큰술	

1 닭가슴살 표면에 비스듬히 칼집을 넣어 일정한 두께가 되도록 만든다. 포크로 몇 군데 구멍을 내고 재료 A를 모두 섞어 밑간한 다음 지퍼백에 넣어 냉장실에서 20분 이상 재운다. 냉장실에서 꺼내 전분가루를 골고루 입힌다.

2 고수는 3cm 길이로 썬다. 파프리카는 사방 5mm 크기로 썬다. 상추는 먹기 좋은 크기로 찢는다. 재료 B의 대파는 잘게 다지고 마늘은 간 다음 재료 B를 모두 섞는다.

3 프라이팬에 참기름을 두르고 1의 닭가슴살 껍질이 밑을 향하도록 올려 중간 불에서 2~3분간 굽다가 뒤집어 뚜껑을 덮고 약한 불에서 4~5분간 찌듯이 익힌다. 불을 끄고 3~4분간 잔열로 익힌 다음 먹기 좋은 크기로 썬다.

4 그릇에 상추를 깔고 3을 올린다. 고수, 파프리카를 곁들이고 준비한 B를 골고루 뿌린다.

memo 담백한 닭가슴살을 사용해 부담 없이 즐길 수 있도록 만들었어요. 닭가슴살을 구울 때 마지막 단계에서 잔열로 익히면 육질이 부드러워진답니다.

방방지* 샐러드

1인분
87
kcal

ingredients (2~3인분)

닭안심	1쪽(100g)
오이	1개(100g)
양파	1/6개(25g)
방울토마토	6개
양상추	4장
참깨 드레싱(p.86)	2~3큰술

1 냄비에 넉넉한 물과 소금(2작은술, 분량 외)을 넣고 끓어오르면 불을 끈 다음 닭안심을 넣고 뚜껑을 덮어 잔열이 식을 때까지 둔다. 닭안심을 꺼내 잘게 찢는다.

2 오이는 표면에 1mm 폭으로 잘게 칼집을 넣고 3cm 길이로 썬다. 양파는 얇게 썰고 얼음물에 5분간 담갔다가 꺼내 물기를 뺀다. 방울토마토는 세로로 4등분한다.

3 그릇에 양상추를 깔고 오이, 양파를 담는다. 1, 방울토마토를 올리고 참깨 드레싱을 뿌린다.

＊ 방방지: 중국 사천식 닭고기 냉채 요리

memo 방방지 샐러드는 지방이 적은 닭안심을 사용하는 게 좋아요. 열량이 낮고 단백질도 풍부한 식재료랍니다.

치즈 닭갈비 양상추 샐러드

1인분
299
kcal

ingredients (2~3인분)

닭다리살	1쪽(250g)	간장	1큰술
양배추	2장	청주	2큰술
양파	1/4개(50g)	꿀	2작은술
로메인	5장	참기름	2작은술
김치	80g	치즈(피자용)	30g
A 마늘	1톨(6g)	우유	1큰술
고추장	1과 1/2큰술		

1 닭다리살, 양배추는 한입 크기로 썬다. 양파는 2mm 두께로 얇게 썬다. 로메인은 먹기 좋은 크기로 찢는다. 김치는 적당한 크기로 썬다. 재료 A의 마늘은 간 다음 재료 A를 모두 섞는다.

2 지퍼백에 닭다리살, 양배추, 양파, 김치, 준비한 A를 넣고 버무린 다음 냉장실에서 10분간 재운다.

3 프라이팬에 참기름을 두르고 2를 넣어 중간 불에서 볶다가 반 정도 익으면 뚜껑을 덮고 약한 불에서 4~5분간 찌듯이 익힌다.

4 그릇에 로메인을 깔고 3을 담는다.

5 냄비에 치즈, 우유를 넣고 약한 불에서 고무주걱으로 저어가며 치즈를 녹인 다음 4에 붓는다.

memo 치즈 닭갈비는 재료를 미리 양념에 재워 굽기 때문에 감칠맛이 뛰어나요. 쭉 늘어나는 쫄깃한 치즈를 듬뿍 올려 드셔보세요.

가지 양념치킨 샐러드

1인분
398
kcal

ingredients (2~3인분)

닭다리살 ·················· 1쪽(250g)		쪽파 ····················· 2줄기	
소금 ························· 약간		마늘 ···················· 1톨(6g)	
흑후추(굵게 간 것) ············· 약간		간장 ····················· 1큰술	
전분가루 ···················· 적당량	A	꿀 ······················ 2작은술	
가지 ························· 2개		고추장 ···················· 2큰술	
로메인 ························ 2장		참기름 ···················· 2작은술	
파드득나물 ·················· 1줌(30g)		식용유 ···················· 적당량	

1 닭다리살은 한입 크기로 썰고 소금, 흑후추로 밑간한 다음 전분가루를 입힌다.

2 가지는 1.5cm 두께로 썬다. 로메인은 먹기 좋은 크기로 찢는다. 파드득나물은 3cm 길이로 썬다. 쪽파는 송송 썬다. 재료 A의 마늘은 간 다음 재료 A를 모두 섞는다.

3 깊은 팬에 4cm 깊이로 식용유를 붓고 180℃로 가열한다. 1을 4~5분간 튀긴 다음 키친타월을 깐 쟁반에 올린다. 약한 불로 줄여 170℃로 가열해 가지를 1~2분간 튀긴 다음 같은 쟁반에 올린다.

4 볼에 3, 준비한 A를 넣고 버무린다.

5 그릇에 로메인, 파드득나물을 깔고 4를 담은 다음 쪽파를 올린다.

memo 가지 껍질의 주성분인 나스닌은 동맥 경화를 예방하는 효능이 있으므로 껍질째 조리하는 것이 좋아요.

새우 칠리 샐러드

1인분
144
kcal

ingredients (2~3인분)

새우(껍질, 머리 제거한 것) ······· 6마리	물 ························· 70ml
전분가루 ····················· 적당량	토마토케첩 ················ 3큰술
양상추 ························· 3장	A 간장 ···················· 1작은술
고수 ························ 1줄기	설탕 ···················· 2작은술
대파 ························· 50g	참기름 ···················· 3작은술
마늘 ····················· 1톨(6g)	두반장 ···················· 1작은술
생강 ····················· 1톨(6g)	식초 ···················· 1작은술

1 새우는 소금물(약간, 분량 외)로 씻고 이쑤시개로 내장을 뺀다. 키
  친타월로 물기를 제거한 다음 전분가루를 골고루 입힌다.

2 양상추는 먹기 좋은 크기로 찢는다. 고수는 2cm 길이로 썬다. 대
  파, 마늘, 생강은 잘게 다진다. 재료 A를 모두 섞는다.

3 프라이팬에 참기름(2작은술)을 두르고 대파, 마늘, 생강을 넣어 약
  한 불에서 볶다가 마늘 향이 나면 두반장을 넣고 30초간 더 볶
  는다. 마늘 향이 더 진해지면 준비한 A를 넣고 골고루 섞으며 볶
  는다.

4 3에 1을 넣고 볶다가 새우가 익으면 참기름(1작은술), 식초를 넣고
  빠르게 볶는다.

5 그릇에 양상추를 깔고 4를 담은 다음 고수를 올린다.

memo 마늘 향이 살짝 올라왔을 때 두반장을 넣고 볶으면 고소함이 더 진해져요.

187

쑥갓 꽁치튀김 김치 샐러드

1인분
316
kcal

ingredients (2~3인분)

꽁치	2마리	양하	1개
소금	약간	김치	100g
흑후추(굵게 간 것)	약간	식용유	적당량
전분가루	적당량	참깨 드레싱(p.86)	1큰술
쑥갓	1줌(50g)	흰깨(볶은 것)	2작은술

1 꽁치는 머리와 꼬리를 자르고 배 부분을 길게 갈라 내장을 제거한 다음 물로 씻는다. 3장으로 포를 뜨고 3등분한 다음 키친타월로 물기를 닦는다. 소금, 흑후추로 밑간하고 전분가루를 골고루 입힌다.

2 쑥갓은 3cm 길이로 썬다. 양하는 채썰기한다. 김치는 적당한 크기로 썬다.

3 프라이팬에 2cm 깊이로 식용유를 붓고 170℃로 가열한다. 1을 3~4분간 튀긴 다음 키친타월을 깐 쟁반에 올린다. 볼에 김치와 함께 넣고 섞는다.

4 그릇에 쑥갓을 깔고 3, 양하를 올린 다음 참깨 드레싱, 흰깨를 뿌린다.

memo 쑥갓을 고를 때는 줄기가 두껍지 않은 것을 고르세요. 줄기가 두꺼우면 잎이 질길 수 있으니 생으로 먹을 때는 줄기가 짧고 가는 것이 좋아요.

연어 난반 샐러드

<table>
<tr><td>1인분</td></tr>
<tr><td>289</td></tr>
<tr><td>kcal</td></tr>
</table>

ingredients (2~3인분)

연어	3토막	홍고추	1개
소금	약간	간장	2큰술
흑후추(굵게 간 것)	약간	사과식초	2큰술
박력분	적당량	A 물	2큰술
파프리카(붉은색)	1/4개	청주	1큰술
양파	1/2개(100g)	꿀	2작은술
당근	1/3개(50g)	식용유	적당량

1 연어는 소금을 뿌려 5분간 둔 다음 표면에 수분이 배어 나오면 키친타월로 닦고 3등분한다. 흑후추로 밑간하고 박력분을 골고루 입힌다.

2 파프리카, 양파, 당근은 가늘게 채썰기한다. 재료 A의 홍고추의 씨를 뺀 다음 재료 A를 모두 섞는다.

3 냄비에 준비한 A를 넣고 중간 불에서 한소끔 끓이다가 파프리카, 양파, 당근을 넣어 골고루 섞은 다음 쟁반에 펼쳐 올려 식힌다.

4 프라이팬에 2cm 깊이로 식용유를 붓고 170℃로 가열한다. 1을 3~4분간 튀겨 3과 섞은 다음 냉장실에서 30분간 재운다.

memo 붉은색 파프리카에 풍부한 캡산틴은 좋은 콜레스테롤을 증가시키고 노화를 예방하는 효능이 있어요. 노란색 파프리카를 사용하면 요리의 색감을 변화시켜 색다른 즐거움을 주지요.

잎새버섯 건새우 샐러드

1인분
38
kcal

ingredients (2~3인분)

잎새버섯	1팩(100g)
말린 새우	1큰술(6g)
양상추	2장
마늘	1톨(6g)
생강	1톨(6g)
참기름	1/2큰술
간장	1작은술
통 산초	1/2작은술

1 잎새버섯은 밑동을 제거하고 먹기 좋은 크기로 떼어낸 다음 끓는 물에 1분간 데쳐 물기를 뺀다. 말린 새우는 따뜻한 물에 15분간 불린 다음 물기를 빼고 잘게 다진다. 양상추는 3mm 두께로 채썰기한다. 마늘, 생강은 잘게 다진다.

2 볼에 잎새버섯, 말린 새우, 양상추를 넣고 섞는다.

3 프라이팬에 참기름을 두르고 마늘, 생강을 넣어 약한 불에서 볶다가 마늘 향이 나면 2에 넣고 섞은 다음 간장을 넣는다. 통 산초를 그라인더로 갈아서 뿌린다.

memo 말린 새우는 중식 요리에 빠지지 않고 등장하는 재료 중 하나예요.
바짝 건조하기 때문에 새우의 감칠맛이 응축되어 있지요.

경수채 벚꽃새우 샐러드

1인분
42
kcal

ingredients (2~3인분)

경수채 ···················· 2줌(100g)
멘마* 통조림 ···················· 20g
통 산초 ···················· 적당량
벚꽃새우 ···················· 1큰술(5g)
소금 ···························· 약간
참기름 ························ 2작은술

1 경수채는 7cm 길이로 썬다. 멘마는 채썰기한다. 통 산초는
   그라인더로 간다.
2 볼에 1, 벚꽃새우, 소금, 참기름을 넣고 골고루 섞는다.

* 멘마: 죽순을 발효시켜 간장에 절인 식품

memo 아삭아삭한 경수채와 씹는 맛이 일품인 멘마를 넣어 다양한 식감을
        만끽할 수 있답니다.

해산물 샐러드

1인분
123
kcal

ingredients (2~3인분)

해산물(바지락, 오징어, 새우 등) … 150g	물 ····························· 100ml
부추 ···························· 1/2줌(50g)	설탕 ························· 2작은술
당근 ···························· 1/3개(50g)	A 간장 ···························· 2작은술
깍지 완두콩 ······················ 4개	굴소스 ····················· 1작은술
경수채 ··························· 1줌(50g)	치킨스톡(과립) ············ 1작은술
무순 ···························· 1/2팩	참기름 ······················ 1/2큰술
생강 ···························· 1톨(6g)	청주 ························· 2큰술
메추리알 ·························· 4개	전분물(물과 전분가루를 1:1 비율로 섞은 것) ························ 적당량
	흑후추(굵게 간 것) ·············· 적당량

1 해산물은 실온 상태로 만든다. 부추는 4cm 길이로 썬다. 당근은 직사각형 모양으로 편썰기한다. 깍지 완두콩은 꼭지와 줄기를 제거한다. 경수채는 3cm 길이로 썬다. 무순은 밑동을 제거하고 2등분한다. 생강은 잘게 다진다. 메추리알은 삶는다. 재료 A를 모두 섞는다.

2 프라이팬에 참기름을 두르고 생강을 넣어 약한 불에서 볶다가 생강 향이 나면 당근을 넣고 중간 불에서 볶는다. 당근이 부드러워지면 부추, 깍지 완두콩, 청주를 넣고 가볍게 볶은 다음 해산물, 메추리알, 준비한 A를 넣고 빠르게 볶는다. 해산물이 익으면 전분물을 넣어 걸쭉하게 만든다.

3 그릇에 경수채, 무순을 깔고 2를 올린 다음 흑후추를 뿌린다.

memo 해산물은 시판 해산물 믹스 제품을 사용해도 돼요. 이때 냉동 상태에서 바로 볶으면 물기가 생기거나 부피가 줄어들 수 있으니 완전히 해동시켜 사용하세요.

당근 무말랭이 샐러드

1인분
123
kcal

ingredients (2~3인분)

당근 ····················· 1/2개(100g)
부추 ······················ 1/4줌(25g)
무말랭이 ·························· 30g
생강 ····················· 2톨(12g)

A
  간장 ························ 1큰술
  참기름 ············ 1과 1/2큰술
  소금 ·················· 1/4작은술
  흰깨(으깬 것) ·············· 1큰술

1 당근은 4cm 길이로 채썰기한다. 부추는 4cm 길이로 썬다. 무말랭이는 물에 15분간 불린 다음 물기를 짜고 먹기 좋은 길이로 썬다. 생강은 채썰기한다.

2 볼에 1, 재료 A를 모두 넣고 섞은 다음 냉장실에 1시간 이상 넣어 차갑게 만든다.

memo 무말랭이는 일반 무에 비해 수분감은 적지만 식이 섬유 섭취에는 효과적이에요. 당근과 부추의 풍미와 함께 무말랭이의 꼬들꼬들한 식감을 즐겨보세요.

배추 연두부 명란 샐러드

1인분
87
kcal

ingredients (2~3인분)

배추 잎 ·························· 2장
연두부 ················· 1/2모(150g)
조미 김 ·························· 3장
　│ 명란젓 ··········· 1/2개(40g)
　│ 마요네즈 ················ 1큰술
A │ 간장 ················ 1/2작은술
　│ 고추장 ············· 1/2작은술
검은깨(볶은 것) ············· 적당량

1　배추 잎은 부드러운 부분과 단단한 부분을 나눈다. 부드러운 잎은 먹기 좋은 크기로 찢고 단단한 잎은 얇게 저며 썬다. 연두부는 1cm 두께로 썬다. 조미 김은 먹기 좋은 크기로 찢는다.

2　재료 A의 명란젓은 길게 반으로 썰어 알을 발라낸 다음 재료 A를 모두 섞는다.

3　그릇에 배추 잎 → 연두부 → 조미 김 순으로 올린 다음 준비한 A를 곁들이고 검은깨를 뿌린다.

memo　배추 잎의 단단한 부분은 그냥 먹기에는 식감이 질기니 얇게 저며 사용했답니다.

우엉 킨피라* 샐러드

1인분
117
kcal

ingredients (2~3인분)

우엉 ···················· 2/3개(100g)
당근 ···················· 2/3개(100g)
쪽파 ······················· 1줄기
이자벨 양상추 ··················· 3장
참기름 ····················· 2작은술
　｜　간장 ····················· 2작은술
A　청주 ····················· 2작은술
　｜　맛술 ····················· 2작은술
두반장 ··················· 1/2작은술
마요네즈 ············· 1과 1/2큰술

1　우엉, 당근은 4cm 길이로 채썰기한다. 쪽파는 송송 썬다. 이자벨
　 양상추는 먹기 좋은 크기로 찢는다.

2　프라이팬에 참기름을 두르고 우엉, 당근을 넣어 중간 불에서 볶다
　 가 채소가 부드러워지면 재료 A를 모두 넣는다.

3　볼에 두반장, 마요네즈를 넣고 섞은 다음 2를 넣어 버무린다.

4　그릇에 이자벨 양상추를 깔고 3을 담은 다음 쪽파를 올린다.

＊ 킨피라: 채 썬 뿌리채소를 설탕, 간장 등으로 볶은 일본식 반찬

memo 일본 대표 반찬인 우엉 킨피라를 두반장과 마요네즈를 사용해 중화요리
　　　 느낌이 나도록 만들었어요.

유부 겉절이 샐러드

1인분
108
kcal

ingredients (2~3인분)

유부 ································ 1장
오이 ···················· 1/2개(50g)
경수채 ··················· 1줌(50g)
상추 ····························· 2장
조미 김 ························· 8장
A
| 마늘 ····················· 1톨(6g)
| 설탕 ····················· 1작은술
| 간장 ····················· 2작은술
| 식초 ····················· 2작은술
| 치킨스톡(과립) ······ 1/2작은술
| 참기름 ············· 1과 1/2큰술

1 유부는 2등분하고 1cm 폭으로 썬다. 식용유를 넣지 않은 마른 프라이팬을 중간 불로 달군 다음 유부를 넣고 바삭해질 때까지 굽는다.
2 오이는 5cm 길이로 채썰기한다. 경수채는 3cm 길이로 썬다. 상추, 조미 김은 먹기 좋은 크기로 찢는다. 재료 A의 마늘은 간 다음 재료 A를 모두 섞는다.
3 볼에 1, 2, 준비한 A를 넣고 섞어 그릇에 담는다.

memo 유부를 바삭하게 구우면 고소함이 살아나요. 소금과 참기름을 발라 구운 조미 김은 오이, 경수채, 상추 등 상큼한 채소와 잘 어울린답니다.

공심채* 완두순** 마늘 샐러드

ingredients (2~3인분)

공심채 ····················· 1줌(100g)
완두순 ····················· 1팩(100g)
마늘 ·························· 2톨(12g)
홍고추 ···························· 1개
참기름 ························· 1큰술
청주 ···························· 1큰술
남플라*** ·················· 2작은술
굴소스 ······················· 2작은술

1 공심채, 완두순은 밑동을 제거한다. 마늘은 얇게 편썰기한
   다. 이때 가운데 심은 이쑤시개로 제거한다. 홍고추는 씨를
   빼고 송송 썬다.

2 프라이팬에 참기름을 두르고 마늘을 넣어 약한 불에서 볶다
   가 마늘 향이 나면 공심채, 완두순, 홍고추를 넣고 강한 불에
   서 빠르게 볶는다.

3 2에 청주, 남플라, 굴소스를 넣고 섞는다.

* 공심채: 줄기 속이 비어있는 잎채소

** 완두순: 완두에서 싹을 내어 기른 채소

*** 남플라: 태국의 발효 생선 소스

memo 공심채와 완두순은 오래 볶으면 숨이 죽어 아삭아삭한 식감이 사라
      질 수 있으니 빠르게 볶아 특유의 식감을 살려요.

자차이 대파 햄 샐러드

ingredients (2〜3인분)

대파 ·························	100g
경수채 ················	1/2줌(25g)
햄 ····························	3장
자차이 통조림 ·············	30g
생강 ······················	1톨(6g)
A	간장 ················· 1큰술
	미소된장 ············ 2작은술
	두반장 ·············· 1작은술
	참기름 ··············· 2큰술

1 대파는 4cm 길이로 채썰기한 다음 물에 5분간 담갔다가 꺼내 물기를 뺀다. 경수채는 4cm 길이로 썬다.

2 햄은 2등분하고 가늘게 채썰기한다. 자차이, 생강은 잘게 다진다.

3 볼에 1, 2, 재료 A를 모두 넣고 골고루 섞는다.

memo 대파는 살균 작용이 뛰어난 향신채소예요. 고기나 생선의 잡내를 잡아주는 역할도 한답니다.

줄기콩 오크라 두시* 샐러드

ingredients (2~3인분)

식용유 ······················ 적당량
줄기콩 ······················ 15개
오크라 ······················ 6개

A
| 마늘 ···················· 1톨(6g)
| 두시 ···················· 1큰술(6g)
| 쌀식초 ··················· 2큰술
| 참기름 ··················· 1큰술
| 굴소스 ··················· 2작은술
| 간장 ···················· 1작은술

시금치(샐러드용) ··············· 20g

1 프라이팬에 2cm 깊이로 식용유를 붓고 160℃로 가열한다. 줄기
   콩을 1분~1분 20초간 튀긴 다음 키친타월을 깐 쟁반에 올린다.
2 오크라는 꼭지를 떼고 이쑤시개로 몇 군데 구멍을 낸다. 식용유를
   160℃로 가열한 다음 오크라를 1분간 튀겨 기름기를 빼고 길게
   2등분한다.
3 재료 A의 마늘, 두시는 잘게 다지고 재료 A를 모두 섞은 다음 작
   은 냄비에 넣고 한소끔 끓이다가 1, 2를 넣고 골고루 섞는다.
4 그릇에 시금치를 깔고 3을 올린다.

＊ 두시: 콩으로 만든 발효 조미 식품

memo 검은콩을 발효시켜 만든 두시는 감칠맛과 향이 진해요. 주로 마파두부를
      만들 때 사용하는데 샐러드 레시피에 응용해봤어요.

흰깨 양배추 샐러드

1인분
217
kcal

ingredients (2~3인분)

양배추 ························· 3장		두반장 ···················· 1작은술	
마늘 ····················· 1톨(6g)		고추기름 ············· 1/2작은술	
생강 ····················· 1톨(6g)		참기름 ··················· 2작은술	
	미소된장 ·················· 1큰술	돼지고기(다진 것) ············· 150g	
	흰깨 페이스트 ············· 1큰술	흰깨(으깬 것) ·············· 2작은술	
A	물 ······················ 2작은술	실고추 ····················· 적당량	
	간장 ···················· 2작은술		

1 양배추는 가늘게 채썰기한다. 마늘, 생강은 잘게 다진다. 재료 A
　를 모두 섞는다.

2 프라이팬에 참기름을 두르고 마늘, 생강을 넣어 약한 불에서 볶다
　가 마늘 향이 나면 돼지고기를 넣고 고무주걱으로 저으며 고슬고
　슬해질 때까지 볶는다. 돼지고기가 반 정도 익으면 준비한 A를 넣
　어 볶는다.

3 그릇에 양배추를 담고 2를 올린 다음 흰깨를 뿌리고 실고추를 곁
　들인다.

memo 깨를 으깨면 볶은 통깨보다 양념과 잘 섞여 볶음 요리나 무침 요리에 사용
하기 좋아요.

PART
4

에스닉 샐러드

정통 에스닉 요리의 감칠맛과 채소의 신선함을 함께 맛볼 수 있어요.
남플라와 감귤류, 스파이스의 풍미를 마음껏 즐길 수 있답니다.

똠얌꿍 감귤 샐러드

1인분
113
kcal

ingredients (2~3인분)

새우(껍질, 머리 제거한 것) ···· 6마리

고수 ······························ 3줄기

베이비콘 ······················· 3개

오크라 ··························· 3개

방울토마토 ····················· 3개

라임 ····························· 1/4개

올리브오일 ················ 2작은술

| 물 ··························· 2큰술
A
| 똠얌꿍 페이스트(시판) ·· 1과 1/2큰술

1 새우는 소금물(약간, 분량 외)로 씻고 이쑤시개로 내장을 뺀다. 고
   수는 3cm 길이로 썬다. 베이비콘, 오크라는 5cm 길이로 어슷썰
   기한다. 방울토마토는 꼭지를 뗀다. 라임은 2mm 두께의 부채꼴
   모양으로 썬다.

2 프라이팬에 올리브오일을 두르고 새우를 넣어 중간 불에서 볶다
   가 새우 표면이 노릇해지면 베이비콘, 오크라를 넣고 빠르게 볶은
   다음 재료 A를 모두 넣는다.

3 2, 방울토마토를 섞어 그릇에 담은 다음 고수, 라임을 올린다.

memo 똠얌꿍 페이스트로 신맛과 매운맛을 살린 입맛 당기는 샐러드랍니다. 라
      임을 넣어 상큼함도 더했지요.

물냉이 소고기 얌느어 샐러드

1인분
148
kcal

ingredients (2~3인분)

소고기 등심(샤부샤부용)	100g
물냉이	1줌(50g)
오이	1/2개(50g)
적양파	1/6개(25g)
견과류	1큰술(10g)
에스닉 드레싱(p.82)	2큰술

1 냄비에 물을 넉넉히 넣고 끓인 다음 소고기 등심을 1장씩 넣어 데친다. 얼음물에 담가 식히고 체에 밭쳐 물기를 뺀다.

2 물냉이는 3cm 길이로 썬다. 오이는 길게 2등분하고 어슷썰기한다. 적양파는 2mm 두께로 얇게 썰고 물에 5분간 담갔다가 꺼내 물기를 뺀다. 견과류는 굵게 부순다.

3 볼에 1, 2, 에스닉 드레싱을 넣고 골고루 섞는다.

memo 얌느어는 태국 요리로, 소고기무침 샐러드라고 생각하면 돼요. 견과류의 바삭한 식감이 더해져 더욱 맛있답니다.

경수채 생햄말이

1인분
61
kcal

ingredients (2~3인분)

경수채 ···················· 1줌(50g)
생햄 ···························· 6장
견과류 ·························· 5알
그린카레 드레싱(p.87) ······· 1큰술
파르메산치즈(가루) ········· 1작은술

1 경수채는 10cm 길이로 썬 다음 적당한 분량씩 나눠 6덩이로 만든다. 각각의 경수채를 생햄으로 단단하게 말아 생햄말이 6개를 만든다. 견과류를 잘게 부순다.
2 생햄말이를 그릇에 담고 그린카레 드레싱을 곁들인 다음 견과류, 파르메산치즈를 뿌린다.

memo 보기에도 예쁘고 한입에 쏙 먹기도 좋아 손님 초대 요리 메뉴로도 안성맞춤이에요.

베이비콘 닭고기 커민 샐러드

ingredients (2~3인분)

닭가슴살	1쪽(250g)	이자벨 양상추	4장
소금	1/4작은술	버터	15g
흑후추(굵게 간 것)	1/4작은술	커민씨앗	1작은술
베이비콘	6개	커민카레 드레싱(p.82)	1큰술
감자	1개(100g)		

1 닭가슴살은 포크로 몇 군데 구멍을 내고 소금, 흑후추로 밑간한다. 생선그릴을 달궈 닭가슴살을 넣고 중간 불에서 양면을 각각 6~7분씩 굽는다. 그릴에서 바로 꺼내지 않고 잔열로 5분간 더 익혔다가 어슷하게 저며 썬다.

2 베이비콘은 1cm 두께로 송송 썬다. 감자는 껍질을 벗긴다. 냄비에 넉넉한 물과 소금(약간, 분량 외)을 넣고 끓어오르면 감자를 넣어 젓가락이 쑥 들어갈 때까지 삶은 다음 체로 건져 세로로 8등분하여 빗모양썰기한다. 이자벨 양상추는 먹기 좋은 크기로 찢는다.

3 프라이팬에 버터를 녹이고 커민씨앗을 넣어 약한 불에서 볶다가 부글부글한 거품이 생기고 향이 나면 베이비콘, 감자를 넣어 중간 불에서 볶는다.

4 그릇에 이자벨 양상추를 깔고 1, 3을 담은 다음 커민카레 드레싱을 뿌린다.

memo 닭가슴살을 생선그릴로 천천히 익히면 촉촉하고 부드럽게 구워져요. 레시피에 적힌 대로 했는데 덜 익은 것 같다면 2분간 더 구워 상태를 확인해주세요.

케이준 치킨 샐러드

ingredients (2~3인분)

닭다리살	1쪽(250g)	파프리카(붉은색)	1/2개
소금	1/4작은술	파프리카(노란색)	1/2개

	양파	1/4개(50g)	적양파	1/6개(25g)
	커민파우더	1/2작은술	로메인	4장
A	갈릭파우더	1/2작은술		
	칠리파우더	1작은술		
	파프리카파우더	1작은술		

1 닭다리살은 한입 크기로 썰고 소금을 뿌린다. 재료 A의 양파는 간 다음 재료 A를 모두 섞는다. 지퍼백에 닭다리살과 준비한 A를 넣고 버무린 다음 냉장실에서 1시간 이상 재운다. 오븐은 200℃로 예열한다.

2 파프리카는 꼭지를 제거하고 씨를 뺀다. 적양파는 2mm 두께로 얇게 썰고 물에 5분간 담갔다가 꺼내 물기를 뺀다. 로메인은 먹기 좋은 크기로 찢는다.

3 오븐팬에 종이포일을 깔고 1, 파프리카를 올린 다음 표면에 올리브오일(약간, 분량 외)을 얇게 발라 예열한 오븐에 넣고 20~25분간 굽는다. 파프리카는 먹기 좋은 크기로 썬다.

4 그릇에 로메인, 3을 담고 적양파를 올린다.

memo 케이준 치킨은 촉촉한 육즙과 스파이시한 풍미를 자랑해요. 4가지 향신료를 넣어 향이 풍부한 치킨에 상큼한 채소를 곁들인 이국적인 샐러드예요.

그린파파야 솜탐 샐러드

1인분
87
kcal

ingredients (2~3인분)

그린파파야 ··············· 1/2개(250g)
고수 ······························· 1줌
방울토마토 ······················ 4개
말린 새우 ················· 1큰술(6g)
견과류 ···················· 1큰술(10g)
┌ 마늘 ······················· 1톨(6g)
│ 스위트칠리소스(시판) ···· 1큰술
A │ 남플라 ············· 1과 1/2큰술
│ 레몬즙 ······················ 2큰술
└ 설탕 ······················ 2작은술

1 그린파파야는 씨를 빼고 필러로 껍질을 벗겨 채썰기한다.
   고수는 2cm 길이로 썬다. 방울토마토는 세로로 4등분한다.
   말린 새우는 따뜻한 물에 15분간 불린 다음 물기를 빼고 잘
   게 다진다. 견과류는 굵게 부순다.

2 재료 A의 마늘은 잘게 다진 다음 재료 A를 모두 섞는다.

3 볼에 1, 준비한 A를 넣고 섞은 다음 랩을 씌워 냉장실에서
   20분 이상 재운다.

memo 솜탐은 태국 이산 지방의 전통 요리예요. 현지에서는 매콤하게 양
      념하지만 이 레시피에서는 먹기 편하도록 스위트칠리소스를 사용
      했어요.

고수 양고기 샐러드

1인분
175
kcal

ingredients (2~3인분)

양고기(얇게 썬 것)	150g
소금	약간
흑후추(굵게 간 것)	약간
고수	3줄기
부추	1/2줌(50g)
마늘	1톨(6g)
잣	1큰술(8g)
참기름	1큰술
간장	2작은술
A 청주	1큰술
남플라	1작은술
칠리파우더	1작은술

1 양고기는 소금, 흑후추로 밑간한다. 고수, 부추는 3cm 길이로 썬다. 마늘은 잘게 다진다. 잣은 굵게 다진다.

2 프라이팬에 참기름을 두르고 마늘을 넣어 약한 불에서 볶다가 마늘 향이 나면 양고기를 넣고 중간 불에서 볶는다. 양고기가 반 정도 익으면 부추, 잣, 재료 A를 모두 넣고 골고루 섞으며 볶는다.

3 2가 따뜻한 상태일 때 볼에 넣은 다음 고수를 섞어 그릇에 담고 칠리파우더를 뿌린다.

memo 개성이 강한 식재료인 양고기와 고수를 함께 즐기면 맛이 배가된답니다.

죽순 돼지고기 오리엔탈 샐러드

1인분
255
kcal

ingredients (2〜3인분)

돼지고기 등심(돈가스용) ···· 1쪽(250g)		참기름 ··························· 2작은술	
죽순 통조림 ····················· 100g		버터 ······························· 15g	
완두순 ······················ 1팩(100g)		남플라 ·························· 1큰술	
마늘 ························· 1톨(6g)		가다랑어포 ················· 1/2팩(1g)	
생강 ························· 1톨(6g)		칠리파우더 ····················· 적당량	

1 돼지고기 등심은 실온 상태로 만든 다음 1cm 두께로 썬다. 죽순
    은 4cm 길이로 빗모양썰기한다. 완두순은 밑동을 제거한다. 마
    늘, 생강은 잘게 다진다.

2 프라이팬에 참기름을 두르고 마늘, 생강을 넣어 약한 불에서 볶다
    가 마늘 향이 나면 돼지고기, 죽순을 넣고 중간 불에서 표면이 노
    릇해질 때까지 볶는다. 돼지고기가 익으면 완두순, 버터, 남플라
    를 넣어 30초간 빠르게 볶는다.

3 그릇에 2를 담고 가다랑어포, 칠리파우더를 뿌린다.

memo 가다랑어포의 감칠맛과 칠리파우더의 매콤한 풍미가 묘하게 어우러져 지
       금껏 맛보지 못한 새로운 맛을 선사해요.

채소 가파오 샐러드

ingredients (2~3인분)

양상추	1/2통	남플라	1큰술
적양파	1/6개(25g)	굴소스	1큰술
파프리카(붉은색)	1/2개	A 간장	1작은술
마늘	1톨(6g)	꿀	2작은술
홍고추	1개	바질 잎	4장
참기름	2작은술	반숙달걀(p.242)	1개
닭고기(다진 것)	200g		

1 양상추는 먹기 좋은 크기로 찢는다. 적양파는 얇게 썰고 물에 5분
   간 담갔다가 꺼내 물기를 뺀다. 파프리카는 사방 5mm 크기로 썬
   다. 마늘은 잘게 다진다. 홍고추는 씨를 빼고 송송 썬다.

2 프라이팬에 참기름을 두르고 마늘을 넣어 약한 불에서 볶다가 마
   늘 향이 나면 닭고기, 파프리카, 홍고추를 넣고 고무주걱으로 저
   으며 중간 불에서 고슬고슬해질 때까지 볶는다. 닭고기가 반 정도
   익으면 재료 A를 모두 넣는다.

3 그릇에 양상추를 깔고 2를 담은 다음 적양파, 바질 잎을 담고 반
   숙달걀을 올린다.

memo 가파오는 닭고기와 바질을 볶은 태국 요리예요. 양상추를 듬뿍 넣으면 샐
러드로 즐길 수 있어요.

인도네시아식 가도가도 샐러드

ingredients (2~3인분)

아보카도 ························· 1개
토마토 ····················· 1개(100g)
숙주 ··················· 1/2봉지(100g)
튀긴 두부 ················ 1모(180g)
삶은달걀(p.66) ··················· 1개
    땅콩버터 ················· 3큰술
    레몬즙 ···················· 1큰술
A 참기름 ················· 2작은술
    간장 ····················· 1작은술
    물 ······················· 2작은술
양파튀김(p.241) ············· 적당량

1 아보카도는 껍질을 벗겨 씨를 빼고 세로로 4등분한다. 토마토는 4등분하여 빗모양썰기한다. 냄비에 넉넉한 물과 소금(약간, 분량 외)을 넣고 끓어오르면 숙주를 넣어 30초~1분간 데친 다음 체에 밭쳐 물기를 뺀다.

2 튀긴 두부는 1.5cm 폭으로 썰어 오븐 토스터에 넣고 표면이 살짝 노릇해질 때까지 6~7분간 굽는다.

3 삶은달걀은 세로로 4등분한다. 재료 A를 모두 섞는다.

4 그릇에 1, 2, 3을 재료별로 모아 담고 양파튀김을 올린 다음 준비한 A를 곁들인다.

memo '가도가도'는 인도네시아어로 '마구 섞는다'는 뜻이에요. 채소, 달걀, 바삭하게 구운 두부를 푸짐하게 담고 소스를 뿌린 다음 골고루 섞어 맛보세요.

무마나우 샐러드

1인분
85
kcal

ingredients (2~3인분)

돼지고기 등심(샤부샤부용) ···· 100g
셀러리 ····················· 1개(100g)
홍고추 ···························· 1개
에스닉 드레싱(p.82) ······ 1~2큰술
스피어민트 잎 ····················· 3g

1 냄비에 물을 넉넉히 넣고 끓인 다음 돼지고기 등심을 1장씩 넣어 데친다. 얼음물에 담가 식히고 체에 밭쳐 물기를 뺀다.

2 셀러리 줄기는 질긴 섬유질을 제거한 다음 2mm 두께로 어슷썰기한다. 셀러리 잎은 2mm 폭으로 썰어 물에 3분간 담갔다가 꺼내 물기를 뺀다. 홍고추는 씨를 빼고 송송 썬다.

3 볼에 1, 2, 에스닉 드레싱을 넣고 섞어 그릇에 담은 다음 스피어민트 잎을 올린다.

memo   무마나우는 태국의 돼지고기 샤부샤부 샐러드로 상큼한 맛이 특징이에요.

베트남식 딜 전갱이 샐러드

1인분
79
kcal

ingredients (2~3인분)

전갱이(말린 것) ········· 1마리(70g)	
오이 ······················ 1개(100g)	
당근 ······················ 1/3개(50g)	
쪽파 ·························· 4줄기	
생강 ························· 1톨(6g)	
에스닉 드레싱(p.82) ········· 2큰술	
흰깨(볶은 것) ··············· 2작은술	
딜 잎 ························· 4줄기	

1 생선그릴을 달궈 전갱이의 껍질이 밑을 향하도록 넣는다. 중간 불에서 5분간 굽고 뒤집어 5분간 더 구운 다음 뼈와 껍질을 제거한다.

2 오이, 당근은 채썰기한다. 쪽파는 4cm 길이로 썬다. 생강은 잘게 다진다.

3 볼에 1, 오이, 당근, 쪽파, 생강, 에스닉 드레싱을 넣고 섞어 그릇에 담은 다음 흰깨를 뿌리고 딜 잎을 곁들인다.

memo 듬뿍 넣은 딜의 상쾌한 향이 전갱이의 비린내를 잡아줘요. 전갱이, 채소, 딜을 골고루 섞어 한입 가득 먹으면 더 맛있을 거예요.

스위트칠리 치킨 샐러드

1인분
253
kcal

1 닭다리살은 포크로 몇 군데 구멍을 내고 소금, 흑후추로 밑간한다. 고수는 3cm 길이로 썬다. 잎새버섯은 밑동을 제거하고 큼직하게 나눈다. 상추는 먹기 좋은 크기로 찢는다.

2 프라이팬에 올리브오일을 두르고 닭다리살의 껍질이 밑을 향하도록 올려 중간 불에서 껍질이 바삭해질 때까지 5~6분간 굽는다. 반대로 뒤집고 키친타월로 팬 가장자리의 기름을 닦은 다음 뚜껑을 덮고 약한 불에서 3~4분간 찌듯이 익힌다. 재료 A를 모두 넣고 양념을 묻히며 굽다가 스위트칠리소스를 넣고 2분간 더 구운 다음 꺼내 1cm 두께로 썬다.

3 생선그릴을 달궈 잎새버섯을 넣고 중간 불에서 4~5분간 굽는다. 오븐 토스터를 사용할 경우 8~10분간 굽는다.

4 그릇에 상추를 깔고 2, 3, 고수를 담는다.

memo 매콤달콤하게 양념한 치킨에 채소를 듬뿍 넣어 만든 샐러드예요. 잎새버섯은 베타글루칸 성분이 풍부해 암 예방은 물론 혈압과 콜레스테롤을 낮추는 효능이 있어요.

ingredients (2〜3인분)

닭다리살 ·················· 1쪽(250g)		올리브오일 ·················· 2작은술
소금 ······················ 1/4작은술		┌ 간장 ························· 2큰술
흑후추(굵게 간 것) ······· 1/4작은술		A │ 청주 ························· 1큰술
고수 ···························· 1줄기		└ 맛술 ················· 1과 1/2큰술
잎새버섯 ················· 1팩(100g)		스위트칠리소스(시판) ········· 2큰술
상추 ···························· 3장			

오크라 치킨
땅콩버터 샐러드

1인분
229
kcal

ingredients (2~3인분)

오크라 ························· 6개
샐러드 치킨(p.242) ········· 1개분
땅콩 ························· 6개
A {
　생강 ···················· 1톨(6g)
　땅콩버터 ················ 2큰술
　커민파우더 ········· 1/2작은술
　흰깨(으깬 것) ·············· 1큰술
　식초 ···················· 2작은술
　참기름 ················· 2작은술
}
어린잎채소 ················· 20g

1　오크라는 소금(약간, 분량 외)을 골고루 뿌리고 도마에 굴려 잔털을 제거한 다음 물로 씻는다. 냄비에 넉넉한 물과 소금(약간, 분량 외)을 넣고 끓어오르면 오크라를 1~2분간 데친 다음 체로 건져 어슷썰기한다.

2　샐러드 치킨은 한입 크기로 썬다. 땅콩은 잘게 부순다. 재료 A의 생강은 잘게 다진 다음 재료 A를 모두 섞는다.

3　볼에 1, 2, 준비한 A를 넣고 섞는다.

4　그릇에 어린잎채소를 깔고 3을 올린다.

memo　땅콩버터에 으깬 흰깨를 섞으면 고소함이 더해져 소스로 활용하기 좋답니다. 닭가슴살처럼 담백한 고기에는 고소한 소스가 잘 어울려요.

그린카레 얌운센

ingredients (2〜3인분)

새우(껍질, 머리 제거한 것) ···· 4마리
오이 ····················· 1/2개(50g)
셀러리 ················· 1/3개(30g)
적양파 ················· 1/4개(50g)

A
┌ 홍고추 ························ 1개
│ 설탕 ····················· 1작은술
│ 남플라 ··················· 2큰술
└ 레몬즙 ··················· 1큰술

하루사메(건조) ················ 40g
참기름 ····················· 2작은술
돼지고기(다진 것) ·············· 50g

B
┌ 그린카레 페이스트(시판) ·· 1작은술
└ 코코넛밀크 ··············· 3큰술

흑후추(굵게 간 것) ············· 약간
스피어민트 잎 ················· 10장

1. 새우는 이쑤시개로 내장을 뺀다. 전분가루(1큰술, 분량 외)로 문지르고 물로 씻은 다음 물기를 뺀다. 냄비에 물을 1000ml 넣고 끓어오르면 청주(2큰술, 분량 외), 새우를 넣고 뚜껑을 덮은 다음 불을 끄고 잔열이 사라질 때까지 그대로 둔다.

2. 오이, 셀러리는 2mm 두께로 채썰기한다. 적양파는 얇게 썰고 물에 5분간 담갔다가 꺼내 물기를 뺀다. 재료 A의 홍고추는 씨를 뺀 다음 재료 A를 모두 섞는다.

3. 하루사메는 끓는 물에 넣고 제품 포장지에 표시된 시간만큼 삶은 다음 체에 밭쳐 물기를 빼고 4cm 길이로 썬다.

4. 프라이팬에 참기름을 두르고 돼지고기를 넣어 중간 불에서 고무주걱으로 저으며 고슬고슬해질 때까지 볶는다. 돼지고기의 겉면이 하얗게 되면 재료 B를 모두 넣어 골고루 섞으며 볶는다.

5. 볼에 1, 2, 3, 4를 넣고 버무려 그릇에 담고 흑후추를 뿌린 다음 스피어민트 잎을 올린다.

memo 입맛 없는 여름철 청량한 스피어민트 향이 식욕을 올린답니다. 그린 카레로 맛을 낸 고기와 채소의 환상적인 하모니를 느껴보세요.

대만식 양상추 소보로 샐러드

1인분
237
kcal

ingredients (2~3인분)

양상추	1/2통		돼지고기(다진 것)	200g
표고버섯	2개		설탕	1큰술
쪽파	1줄기		간장	1과 1/2큰술
양파	1/4개(50g)	A	청주	1큰술
마늘	1톨(6g)		굴소스	2작은술
생강	1톨(6g)		팔각*	1개
참기름	2작은술		오향분	적당량

1 양상추는 반으로 찢는다. 표고버섯은 기둥을 제거하고 잘게 다진다. 쪽파는 송송 썬다. 양파, 마늘, 생강은 잘게 다진다.

2 프라이팬에 참기름을 두르고 마늘, 생강을 넣어 약한 불에서 볶다가 마늘 향이 나면 양파를 넣고 중간 불에서 볶는다. 양파가 투명해지면 돼지고기, 표고버섯을 넣고 볶다가 돼지고기가 반 정도 익으면 재료 A를 모두 넣고 수분기가 사라질 때까지 볶는다.

3 그릇에 양상추를 올리고 2를 담은 다음 쪽파를 올리고 오향분을 뿌린다.

＊ 팔각: 매콤하고 달달한 맛을 내는 독특한 향의 향신료

memo 중화요리에 주로 사용되는 오향분은 계피, 정향, 팔각 등을 섞어 만든 향신료예요. 음식에 특유의 향을 더해요.

연어 망고 샐러드

1인분
65
kcal

ingredients (2~3인분)

망고	100g
고수	2줄기
생 레몬그라스	1대
훈제 연어	6쪽
스위트칠리 라임 드레싱(p.87)	1큰술

1 망고는 껍질을 벗기고 사방 2cm 크기로 깍둑썰기한다. 고수
   는 3cm 길이로 썬다. 생 레몬그라스는 껍질을 벗기고 줄기
   부분을 잘게 다져 물에 5분간 담갔다가 꺼내 물기를 뺀다.

2 볼에 훈제 연어, 1, 스위트칠리 라임 드레싱을 넣고 섞는다.

memo 생 레몬그라스는 물에 담갔다 먹으면 식감이 더 살아나요. 냉동 망
      고를 사용할 때는 반 정도 해동시킨 다음 만드는 게 좋아요.

참치 카레 양상추 쌈

ingredients (2~3인분)

참치 통조림(마일드) ········ 1캔(75g)
양상추 ····························· 6장
양파 ·························· 1/4개(50g)
피망 ······························· 1개
통 베이컨 ························· 50g
올리브오일 ················· 2작은술
┌ 카레가루 ············· 2작은술
│ 토마토케첩 ··········· 2큰술
A │
│ 우스터소스 ············ 2작은술
└ 굴소스 ·················· 1작은술

1 참치는 물기를 완전히 뺀다. 양상추는 1장씩 나눈다. 양파, 피망, 통 베이컨은 굵게 다진다.
2 프라이팬에 올리브오일을 두르고 양파를 넣어 중간 불에서 볶다가 양파가 투명해지면 참치, 베이컨을 넣고 볶는다. 베이컨 표면이 노릇해지면 피망, 재료 A를 모두 넣고 골고루 섞으며 볶은 다음 그릇에 담는다.
3 양상추에 2를 올린 다음 쌈을 싸서 먹는다.

memo 카레 특유의 향긋한 향과 맛을 즐길 수 있는 샐러드예요. 참치를 넣어 담백해요.

터키식 고등어튀김 샐러드

ingredients (2~3인분)

고등어	1토막	토마토	1개(100g)
소금	약간	이자벨 양상추	3장
흑후추(굵게 간 것)	약간	식용유	적당량
전분가루	적당량	고수 드레싱(p.87)	1큰술
가지	2개	레몬	적당량

1 고등어는 소금(약간, 분량 외)을 뿌려 10분간 두었다가 키친타월로 물기를 닦은 다음 소금, 흑후추를 뿌리고 전분가루를 입힌다.

2 가지는 꼭지를 제거하고 세로로 4등분한 다음 표면에 촘촘하게 칼집을 넣는다. 토마토는 1cm 두께로 둥글게 썬다. 이자벨 양상추는 먹기 좋은 크기로 찢는다.

3 프라이팬에 3cm 높이로 식용유를 붓고 180℃로 가열한다. 1을 넣어 3~4분간 튀겨 키친타월을 깐 쟁반에 올린 다음 가지를 넣고 3~4분간 튀겨 같은 쟁반에 올린다.

4 그릇에 이자벨 양상추를 깔고 토마토, 3을 담은 다음 고수 드레싱을 곁들이고 레몬을 짜서 뿌린다.

memo 터키의 명물인 고등어 샌드위치에서 아이디어를 얻어 만든 메뉴예요. 채소를 한가득 더했어요.

샐러드에 맛을 더하는 10가지 토핑

샐러드의 맛을 더욱 풍성하게 만드는 간단 레시피예요. 다양한 식감이 더해져 샐러드를 더 맛있게 즐길 수 있어요.

❶ 갈릭 크루통

ingredients (바게트 8cm분)

바게트 ····························· 8cm
　│　마늘 ····················· 2톨(12g)
　A　올리브오일 ················ 1큰술
　│　버터(실온 상태) ············· 15g
파슬리(건조) ·················· 적당량

1　바게트는 2cm 길이로 4등분한다. 재료 A의 마늘은 간 다음 재료 A를 모두 섞는다.

2　바게트 한 쪽 면에 준비한 A를 듬뿍 바르고 파슬리를 뿌린다. 오븐 토스터에서 4~5분간 구운 다음 먹기 좋은 크기로 부순다.

❷ 뱅어포 후리카케

ingredients (만들기 쉬운 분량)

참기름 ······························ 1큰술
뱅어포 ······························ 20g
가다랑어포 ······················ 1팩(2g)
흰깨(볶은 것) ···················· 2큰술
| 간장 ······························ 1큰술
A 청주 ······························ 2큰술
| 맛술 ······························ 1큰술

1 프라이팬에 참기름을 두르고 뱅어포를 넣어 약한 불로
  볶는다.
2 뱅어포의 표면이 노릇해지면 가다랑어포, 흰깨, 재료
  A를 모두 넣고 수분기가 사라질 때까지 볶는다.

❸ 베이컨 후리카케

ingredients (만들기 쉬운 분량)

통 베이컨 ························· 100g
흑후추(굵게 간 것) ········ 1/4작은술

1 통 베이컨은 잘게 다진다.
2 식용유를 두르지 않은 마른 프라이팬에 베이컨을 넣고
  천천히 볶다가 베이컨이 노릇해지면 흑후추를 뿌려 볶
  은 다음 키친타월을 깐 쟁반에 올린다.

❹ 양파튀김

ingredients (만들기 쉬운 분량)

양파 ······················ 1/2개(100g)
박력분 ····························· 1큰술
식용유 ····························· 적당량

1 양파는 1.5mm 두께로 얇게 썰고 키친타월로 물기를
  닦은 다음 박력분을 골고루 입힌다.
2 프라이팬에 2cm 높이로 식용유를 붓고 160℃로 가열
  한 다음 양파를 3~4분간 튀겨 키친타월을 깐 쟁반에
  올린다.

❺ 치즈 만두피

ingredients (만들기 쉬운 분량)

만두피(시판) ······················ 4장
마요네즈 ··························· 1큰술
모차렐라치즈 ····················· 10g

1 만두피에 마요네즈를 바르고 모차렐라치즈를 올린다.
2 오븐 토스터에서 바삭바삭해질 때까지 1을 3~4분간
  구운 다음 먹기 좋은 크기로 자른다.

❻ 샐러드 치킨

ingredients (1개분)

닭가슴살	1쪽(250g)
설탕	1작은술
소금	1작은술
물	800ml

1. 닭가슴살은 껍질을 벗기고 설탕, 소금으로 밑간한 다음 지퍼백에 넣어 냉장실에서 20분 이상 재운다.
2. 작은 냄비에 물을 넣고 끓기 직전에 불을 끈 다음 1을 넣는다. 뚜껑을 덮고 잔열이 사라질 때까지 30~40분간 식힌다.

❼ 간장달걀

ingredients (6개분)

달걀(실온 상태)	6개
설탕	2작은술
물	150ml
멘쯔유(3배 농축)	50ml

1. 냄비에 달걀이 잠길 정도의 물(분량 외)을 끓인 다음 소금(약간, 분량 외), 달걀을 넣어 6분간 익힌다.
2. 얼음물에 담가 4분간 식힌 다음 껍질을 벗긴다.
3. 지퍼백에 2, 설탕, 물, 멘쯔유를 넣고 냉장실에서 하룻밤 재운다.

❽ 반숙달걀

ingredients (2개분)

물	200ml
달걀(실온 상태)	2개

1. 냄비에 물(1000ml, 분량 외)을 넣고 끓인다.
2. 물이 끓어오르면 불을 끄고 물, 달걀을 넣은 다음 뚜껑을 덮고 15분간 익힌다.

❾ 산초새우

ingredients (만들기 쉬운 분량)

참기름	1큰술
벚꽃새우	10g
산초가루	1/3작은술

1. 프라이팬에 참기름을 두르고 벚꽃새우를 넣어 약한 불에서 볶는다.
2. 벚꽃새우가 노릇해지면 산초가루를 넣고 골고루 볶는다.

❿ 허니 레몬 마리네이드

ingredients (만들기 쉬운 분량)

레몬	1개
꿀	100g

1. 레몬은 2mm 두께로 둥글게 썰고 씨를 뺀다.
2. 소독한 유리병에 1, 꿀을 넣고 냉장실에서 하루 동안 숙성시킨다.

POINT

샐러드 치킨이나 간장달걀처럼 큼직한 토핑은 샐러드의 특색에
맞춰 주사위 모양 또는 동그란 모양 등으로 써는 법을 변형해보
세요. 음식의 담음새가 확연히 달라지게 될 거예요.

과일·채소 샐러드

과일과 채소의 달콤함이 고스란히 전해지는 간편 샐러드예요.
한 가지 채소로 만드는 샐러드는 바쁠 때나 입이 심심할 때 먹기 좋아요.

키위 코코넛
돼지고기 샐러드

1인분
123
kcal

ingredients (2~3인분)

키위 ···························· 1개
적양배추 ····················· 4장
생강 ························· 1톨(6g)
코코넛오일 ·················· 1큰술
돼지고기(얇게 썬 것) ········· 100g
소금 ····················· 1/4작은술
흑후추(굵게 간 것) ··········· 약간
스피어민트 잎 ·············· 적당량

1 키위는 껍질을 벗기고 5mm 두께로 둥글게 썬 다음 4등분한다. 적양배추는 3mm 폭으로 채썰기한다. 생강은 잘게 다진다.

2 프라이팬에 코코넛오일을 두르고 생강을 넣어 약한 불에서 볶다가 생강 향이 나면 돼지고기를 넣고 볶은 다음 소금, 흑후추를 뿌린다.

3 그릇에 적양배추 → 2 → 키위 순으로 담고 스피어민트 잎을 올린다.

memo 키위에는 비타민 C가 풍부해 피부를 맑게 해요. 돼지고기를 코코넛오일로 볶으면 맛이 진하게 배어 드레싱이 필요 없답니다.

오렌지 소송채 샐러드

ingredients (2~3인분)

오렌지 …………………… 1개(150g)	
소송채 …………………… 2줌(120g)	
A	설탕 ………………… 1/2작은술
	흑후추(굵게 간 것) ……… 약간
	사과식초 …………… 1/2큰술
	올리브오일 …………… 1큰술
갈릭 크루통(p.240) ………… 8cm분	

1 오렌지는 껍질을 벗기고 알맹이만 남긴다. 소송채는 3cm 길이로 썰고 소금(약간, 분량 외)을 뿌린 다음 수분이 배어 나오면 키친타월로 수분을 닦는다.

2 볼에 1, 재료 A를 모두 넣고 섞은 다음 그릇에 담고 갈릭 크루통을 올린다.

memo 오렌지의 상큼한 과즙과 갈릭 크루통의 짭짤함이 환상의 조화를 이룬답니다. 소송채를 생으로 먹을 때는 소금을 뿌려 숨을 죽여야 아린 맛이 사라져요.

자몽 가리비 마리네이드

1인분
91
kcal

ingredients (2~3인분)

자몽	1/2개
가리비(횟감용)	6개
A 간장	1/2작은술
꿀	1작은술
라임즙	1/2큰술
올리브오일	1큰술
소금	약간
흑후추(굵게 간 것)	약간
브로콜리 새싹	적당량
딜 잎	2줄기
날치알	1작은술

1 자몽은 껍질을 벗기고 알맹이만 남긴 다음 한입 크기로 썬다. 가리비는 먹기 좋은 두께로 썬다. 재료 A를 모두 섞는다.

2 그릇에 자몽과 가리비를 번갈아 올리고 브로콜리 새싹, 딜잎, 날치알을 골고루 올린 다음 준비한 A를 뿌린다.

memo 가리비는 생으로 먹는 것을 추천해요. 날치알의 톡톡 터지는 식감이 맛에 재미를 줄 거예요.

멜론 로스트비프 샐러드

1인분
279
kcal

ingredients (2～3인분)

소고기 넓적다리살(덩어리) ······ 300g	멜론 ···························· 100g
설탕 ······················· 1/2작은술	이자벨 양상추 ···················· 4장
소금 ······················· 1/2작은술	트레비소 ························· 2장
흑후추(굵게 간 것) ················ 약간	사과 드레싱(p.85) ············· 3큰술
올리브오일 ···················· 2작은술	마스카르포네 ···················· 20g
레드와인 ························ 100ml	

1 소고기 넓적다리살은 실온 상태로 만들어 설탕, 소금, 흑후추로
   밑간한다. 프라이팬에 올리브오일을 두르고 중간 불에서 소고기
   한 쪽 면이 노릇해질 때까지 1분~1분 30초간 굽는다. 레드와인
   을 넣고 뚜껑을 덮어 약중 불에서 5분간 찌듯이 익힌 다음 뒤집
   고 다시 뚜껑을 덮어 3분간 찌듯이 익힌다.

2 1을 팬에서 꺼내 쿠킹포일로 2겹으로 감싸고 마른행주로 감싸
   40분간 그대로 둔다. 잔열로 속까지 익힌 다음 5mm 두께로 썬다.

3 멜론은 한입 크기로 썬다. 이자벨 양상추, 트레비소는 먹기 좋은
   크기로 찢는다.

4 그릇에 2, 3을 담고 사과 드레싱을 뿌린 다음 마스카르포네를 올
   린다.

memo 진한 로스트비프에 달콤한 멜론을 곁들이면 풍부한 맛을 느낄 수 있어요.
      달짝지근한 사과 드레싱과도 잘 어울린답니다.

딸기 물냉이 코티지치즈 샐러드

ingredients (2~3인분)

딸기 ····························· 10개	
물냉이 ······················ 1줌(50g)	
방울토마토 ······················ 5개	
간장 ····················· 1작은술	
꿀 ······················· 2작은술	
A 발사믹식초 ········ 1과 1/2큰술	
올리브오일 ·············· 1큰술	
소금 ························ 약간	
흑후추(굵게 간 것) ········· 약간	
코티지치즈 ······················ 20g	

1 딸기는 꼭지를 떼고 길게 2등분한다. 물냉이는 3cm 길이로 썬다. 방울토마토는 꼭지를 떼고 2등분한다.

2 볼에 1, 재료 A를 모두 넣고 골고루 섞은 다음 그릇에 담고 코티지치즈를 올린다.

memo 단맛과 산미가 적절히 조화를 이루는 샐러드예요. 발사믹식초를 뿌린 다음 코티지치즈를 올리면 근사하답니다.

감 루콜라 샐러드

1인분
92
kcal

ingredients (2~3인분)

감 ···································· 1개
루콜라 ····················· 2줌(120g)
⎧ 발사믹식초 ············· 1큰술
⎪ 참기름 ················· 1/2큰술
A ⎨ 꿀 ······················· 1작은술
⎪ 소금 ······················· 약간
⎩ 흑후추(굵게 간 것) ········· 약간
어린잎채소 ····················· 20g
베이컨 후리카케(p.241) ··· 2작은술

1 감은 껍질을 벗기고 6등분한 다음 씨를 뺀다. 루콜라는
   3cm 길이로 썬다. 재료 A를 모두 섞는다.

2 그릇에 감, 루콜라, 어린잎채소를 담고 준비한 A를 골고루
   뿌린 다음 베이컨 후리카케를 올린다.

memo 감에 함유된 타닌 성분은 알코올 분해 효능이 뛰어나 숙취 해소에
      도움을 줘요. 베이컨 후리카케의 짭짤함이 맛의 균형을 잡아줄 거
      예요.

사과 밤 감자 샐러드

1인분
266
kcal

ingredients (2~3인분)

사과 ························· 1/4개
단밤(껍질 깐 것) ··············· 100g
감자 ························· 3개(300g)
화이트와인 비니거 ········ 1작은술
올리브오일 ················· 2작은술
A ⎡ 마요네즈 ·················· 3큰술
  ⎣ 소금 ······················ 약간
시나몬파우더 ··············· 적당량

1 사과는 껍질째 8등분하여 빗모양썰기한 다음 3mm 두께로 얇게
   썬다. 단밤은 세로로 2등분한다. 감자는 껍질을 벗긴다. 냄비에 넉
   넉한 물과 소금(약간, 분량 외)을 넣고 끓어오르면 감자를 넣어 젓
   가락이 쑥 들어갈 때까지 삶은 다음 체로 건진다.

2 삶은 물은 버리고 냄비에 다시 감자를 넣어 중간 불에서 냄비를
   가볍게 흔들어 볶는다. 감자에 포슬포슬 분이 나면 불을 끄고 뜨
   거울 때 화이트와인 비니거, 올리브오일을 넣은 다음 볼에 옮겨
   고무주걱으로 으깬다.

3 2의 잔열이 식으면 사과, 단밤, 재료 A를 모두 넣고 섞어 그릇에
   담은 다음 시나몬파우더를 뿌린다.

memo 사과의 달콤함, 감자와 단밤의 부드러운 식감 덕분에 마음까지 따뜻해지
는 샐러드랍니다.

파인애플 고수 샐러드

1인분
56
kcal

ingredients (2~3인분)

파인애플 ························· 250g

고수 ···························· 1줄기

A

   남플라 ····················· 1큰술

   설탕 ····················· 1작은술

   레몬즙 ···················· 2작은술

   스위트칠리소스(시판) ··· 2작은술

1   파인애플은 먹기 좋은 크기로 썬다. 고수 잎은 떼고 줄기는 잘게 다진다.

2   볼에 파인애플, 고수 줄기, 재료 A를 모두 넣고 섞어 그릇에 담은 다음 고수 잎을 올린다.

POINT

생 파인애플로 만드세요

생 파인애플의 진한 새콤달콤함은 풍미가 강한 고수와 찰떡궁합을 자랑해요. 통조림 제품이 아닌 신선한 파인애플로 만들어야 진정한 맛을 느낄 수 있답니다.

memo   매콤달콤한 스위트칠리소스와 파인애플의 산미가 조화를 이룬답니다.

샤인머스캣 카프레제 샐러드

1인분
156
kcal

ingredients (2~3인분)

샤인머스캣 ····················· 25개

A
꿀 ·························· 1큰술
화이트와인 비니거 ······· 1큰술
올리브오일 ······· 1과 1/2큰술
소금 ························· 약간

생 모차렐라치즈 ················ 1개

1 샤인머스캣은 세로로 2등분한다. 볼에 샤인머스캣, 재료 A를
   모두 넣고 골고루 섞는다.
2 그릇에 1을 담고 생 모차렐라치즈를 곁들인다.

memo 물소 젖으로 만든 모차렐라치즈는 몽글몽글 부드러운 식감을 가졌
으며 신선한 향과 가벼운 신맛을 내요.

금귤 고수 샐러드

1인분
76
kcal

ingredients (2~3인분)

금귤 ································· 4개
고수 ···························· 2줄기
물냉이 ······················ 1줌(50g)
마늘 ······················ 1/2톨(3g)
안초비 필레 ···················· 2장
올리브오일 ·········· 1과 1/2큰술
화이트와인 비니거 ··········· 1큰술

1 금귤은 3mm 두께로 둥글게 썬다. 고수, 물냉이는 3cm 길이로 썬다. 마늘, 안초비 필레는 잘게 다진다.
2 프라이팬에 올리브오일을 두르고 마늘, 안초비 필레를 넣어 약한 불에서 볶다가 마늘 향이 나면 불을 끄고 화이트와인 비니거를 넣어 섞는다.
3 볼에 금귤, 고수, 물냉이, 2를 넣고 섞는다.

memo 금귤은 은은한 쌉싸래함과 부드러운 단맛이 나는 매력적인 과일이에요. 맛과 향이 강하지 않아 풍미가 진한 고수와 함께 먹어도 잘 어우러져요.

물냉이 다시마 샐러드

1인분
23
kcal

ingredients (2~3인분)

물냉이 ···················· 2줌(100g)
구운 김 ······················· 1/2장
다시마(염장) ····················· 7g
│ 식초 ······················ 2작은술
A 참기름 ··················· 2작은술
│ 와사비(간 것) ········· 1/4작은술

1 물냉이는 3cm 길이로 썬다. 구운 김은 먹기 좋은 크기로 찢는다.
2 볼에 1, 다시마, 재료 A를 모두 넣고 섞는다.

memo 물냉이의 쌉쌀한 맛이 익숙하지 않은 사람도 와사비의 풍미와 구운 김의 고소한 맛을 더하면 거부감 없이 즐길 수 있어요.

방울토마토 꿀 고추장 샐러드

1인분
73
kcal

ingredients (2~3인분)

방울토마토 ···················· 14개
│ 꿀 ······················· 2작은술
A 고추장····················· 1큰술
│ 참기름 ··················· 2작은술
흰깨(볶은 것) ················ 1작은술

1 방울토마토는 끓는 물에 20초간 데쳐 얼음물에 담가 식히고 껍질을 벗긴 다음 세로로 2등분한다.
2 볼에 방울토마토, 재료 A를 모두 넣고 섞어 그릇에 담은 다음 흰깨를 뿌린다.

memo 방울토마토는 데쳐서 썰기 때문에 크기가 조금 큰 것을 사용하는 것이 좋아요.

배추 코울슬로

ingredients (2~3인분)

배추 ·························· 6장
소금 ···················· 1/2작은술
통 베이컨 ···················· 40g
참기름 ··················· 2작은술
   간장 ················· 2작은술
   미소된장 ············· 2작은술
A
   흰깨(으깬 것) ··········· 1큰술
   마요네즈 ········· 1과 1/2큰술

1 배추는 6mm 폭으로 썰고 다시 두껍게 채썰기해 소금에 버무린 다음 물기를 꼭 짠다.

2 통 베이컨은 사방 5mm 크기로 썬다. 프라이팬에 참기름을 두르고 베이컨을 넣어 약한 불에서 표면이 노릇해질 때까지 골고루 볶는다.

3 볼에 1, 2, 재료 A를 모두 넣고 골고루 섞는다.

memo 누구나 간편하게 만들 수 있는 레시피예요. 배추와 베이컨이 잘 어우러져 최고의 맛을 낸답니다.

셀러리 머스터드 비니거 샐러드

1인분
127
kcal

ingredients (2~3인분)

셀러리	2개(200g)
생햄	6장

A
화이트와인 비니거	1큰술
홀머스터드	2작은술
올리브오일	2큰술
꿀	1작은술
소금	약간
흑후추(굵게 간 것)	약간

1 셀러리 줄기의 질긴 섬유질을 제거하고 6cm 길이로 썬 다음 두껍게 채썰기한다. 생햄은 6cm 길이로 얇게 썬다.

2 볼에 1, 재료 A를 모두 넣고 골고루 섞은 다음 냉장실에 1시간 이상 재운다.

memo 셀러리 특유의 아삭아삭한 식감이 최대한 살도록 길고 도톰하게 썰어주세요.

주키니호박 로즈마리 마리네이드

1인분
145
kcal

ingredients (2〜3인분)

주키니호박 ····················· 2개
꿀 ························· 1큰술
화이트와인 비니거 ······· 4큰술
올리브오일 ······· 1과 1/2큰술
A
소금 ·················· 1/4작은술
흑후추(굵게 간 것) ··· 1/4작은술
로즈마리 ················ 2줄기
식용유 ······················· 적당량

1 주키니호박은 꼭지를 제거하고 세로로 4등분한다. 재료 A를
   모두 섞는다.
2 프라이팬에 3cm 깊이로 식용유를 붓고 170℃로 가열한다.
   주키니호박을 1분~1분 30초간 튀긴 다음 키친타월을 깐 쟁
   반에 올린다.
3 볼에 2, 준비한 A를 넣고 섞은 다음 냉장실에서 2시간 이상
   재운다.

memo 주키니호박은 식용유에 튀겨 물렁물렁하게 만들고 조리해야 맛이
      잘 배어요.

브로콜리 안초비 마요 샐러드

1인분
93
kcal

ingredients (2~3인분)

브로콜리 ················· 2개(300g)
┌ 마늘 ················· 1/2톨(3g)
│ 안초비 필레 ················· 1장
A│ 마요네즈 ················· 2큰술
└ 우유 ················· 1큰술
흑후추(굵게 간 것) ············· 약간

1 브로콜리는 먹기 좋은 크기로 썬다. 냄비에 넉넉한 물과 소금(약간, 분량 외)을 넣고 끓어오르면 브로콜리를 넣어 2분간 데친 다음 체에 밭쳐 물기를 뺀다. 재료 A의 마늘은 갈고 안초비 필레는 잘게 다진 다음 재료 A를 모두 섞는다.

2 그릇에 브로콜리를 담은 다음 준비한 A에 흑후추를 뿌려 곁들인다.

memo 신선한 브로콜리를 마요 소스와 함께 먹어보세요. 심플하지만 특별한 샐러드가 된답니다.

탄두리 콜리플라워 샐러드

1인분
72
kcal

ingredients (2~3인분)

콜리플라워 ················· 1개(400g)
┌ 마늘 ················· 1톨(6g)
│ 생강 ················· 1톨(6g)
│ 플레인 요구르트(무가당) 4큰술
│ 토마토케첩 ················· 2큰술
A│ 카레가루 ················· 1큰술
│ 파프리카파우더(생략 가능) ·· 1작은술
│ 소금 ················· 1/4작은술
└ 흑후추(굵게 간 것) ··· 1/4작은술
파르메산치즈(가루) ········· 적당량

1 콜리플라워는 먹기 좋은 크기로 썬다. 재료 A의 마늘, 생강은 간 다음 재료 A를 모두 섞는다. 오븐은 200℃로 예열한다.

2 지퍼백에 콜리플라워, 준비한 A를 넣고 버무린 다음 냉장실에서 20분 이상 재운다.

3 오븐팬에 종이포일을 깔고 2를 펼쳐 올려 예열한 오븐에 넣고 노릇해질 때까지 20~25분간 굽는다. 그릇에 담고 파르메산치즈를 뿌린다.

memo 카레가루를 사용해 간편하게 만들어도 좋아요. 커민파우더를 넣어 정통 인도의 맛을 내도 좋고요.

연근 마늘 샐러드

1인분
145
kcal

ingredients (2~3인분)

연근	250g
마늘	2톨(12g)
올리브오일	2큰술
청주	2큰술
소금	1/4작은술
흑후추(굵게 간 것)	1작은술
레몬	적당량

1 연근은 껍질을 벗겨 2mm 두께로 둥글게 썰고 물에 5분간 담갔다가 꺼내 물기를 뺀다. 마늘은 얇게 편썰기한다. 이때 가운데 심은 이쑤시개로 제거한다.

2 프라이팬에 올리브오일을 두르고 마늘을 넣어 약한 불에서 볶다가 마늘이 살짝 노릇해지면 그릇에 덜고 연근을 넣어 중간 불에서 볶는다. 연근이 노릇해지면 청주, 소금, 흑후추를 넣는다.

3 2에 마늘을 다시 넣고 섞은 다음 그릇에 담고 레몬을 짜서 뿌린다.

memo 연근은 노릇해질 때까지 골고루 볶아야 감칠맛이 진해져요. 레몬의 산미와 마늘의 고소함이 일품이에요.

피망 마늘 버터 샐러드

1인분
72
kcal

ingredients (2~3인분)

피망	6개
마늘	1톨(6g)
홍고추	1개
버터	20g
다시마(염장)	5g
간장	2작은술

1 피망은 씨를 빼고 두껍게 채썰기한다. 마늘은 곱게 간다. 홍고추는 씨를 빼고 송송 썬다.

2 프라이팬에 버터를 녹이고 피망, 홍고추, 다시마를 넣어 중간 불에서 볶다가 피망의 숨이 죽으면 마늘, 간장을 넣는다.

memo 씁쓸한 피망을 버터에 볶으면 맛이 부드러워진답니다. 피망과 버터의 신선한 조합을 맛보세요.

단호박 땅콩 샐러드

1인분
166
kcal

ingredients (2~3인분)

단호박 ·························· 350g
땅콩버터 ············· 1과 1/2큰술
우유 ··························· 2큰술
아몬드 슬라이스 ············ 적당량

1 단호박은 씨와 꼭지를 제거하고 랩으로 단단히 감싸 전자레
   인지에서 3분간 익힌 다음 껍질을 벗겨 한입 크기로 썬다.
   다시 랩으로 감싸 5~6분간 더 익힌다. 꺼냈을 때 단단하다
   면 부드러워질 때까지 1분씩 더 익힌다.
2 볼에 1을 넣고 고무주걱으로 으깬 다음 체온 정도의 온도로
   식힌다.
3 2에 땅콩버터, 우유를 넣고 섞은 다음 그릇에 담고 아몬드
   슬라이스를 올린다.

memo 달콤한 단호박과 고소한 땅콩버터를 골고루 섞어 두 가지 맛을 동
      시에 즐길 수 있어요.

흰강낭콩 딜 샐러드

1인분
79
kcal

ingredients (2~3인분)

흰강낭콩(삶은 것) ············· 100g

딜 잎 ··························· 2줄기

A
│ 사과식초 ··············· 2작은술
│ 참기름 ··················· 2작은술
│ 소금 ······················· 약간
│ 흑후추(굵게 간 것) ········· 약간

1 흰강낭콩은 물기를 완전히 뺀다.
2 볼에 흰강낭콩, 딜 잎, 재료 A를 모두 넣고 섞는다.

memo 참기름의 고소함과 사과식초의 새콤함이 의외로 잘 어울려요. 흰강
      낭콩의 부드러운 식감과 동글동글 귀여운 모양 덕분에 눈과 입이
      즐겁답니다.

양송이버섯 명란 마요 샐러드

1인분
37
kcal

ingredients (2~3인분)

양송이버섯(흰색) ················ 8개
명란젓 ··················· 1/2개(40g)
마요네즈 ··················· 2작은술

1 양송이버섯은 젖은 면포로 표면의 먼지를 닦고 얇게 썬다.

2 명란젓은 길게 반으로 썰어 알을 발라내고 마요네즈와 섞
   는다.

3 그릇에 1을 담고 2를 듬뿍 올린다.

memo 양송이버섯은 쉽게 산화되니 먹기 직전에 얇게 썰어야 해요.

아스파라거스
딜 타르타르 샐러드

1인분
81
kcal

ingredients (2~3인분)

아스파라거스	8개

A
딜 잎	2줄기
삶은달걀(p.66)	1개
마요네즈	1과 1/2큰술
소금	약간
흑후추(굵게 간 것)	약간

1   아스파라거스는 밑동을 제거하고 아래쪽 1/3지점까지 필러로 껍질을 벗긴다. 냄비에 물과 소금(약간, 분량 외)을 넣고 끓어오르면 아스파라거스를 1분간 데친 다음 체에 밭쳐 물기를 뺀다.

2   재료 A의 딜 잎은 잘게 다지고 삶은달걀의 흰자는 굵게 다지고 노른자는 포크로 으깬 다음 재료 A를 모두 섞는다.

3   그릇에 아스파라거스를 담고 2를 듬뿍 올린다.

memo   달걀흰자를 굵게 다져 넣어야 씹는 맛이 좋아요.

대만식 줄기콩 샐러드

ingredients (2~3인분)

줄기콩 ························· 15개	
자차이 통조림 ··············· 20g	
설탕 ················ 1작은술	
굴소스 ·············· 2작은술	
A 두반장 ············· 1/2작은술	
오항분 ·············· 1/3작은술	
참기름 ·············· 2작은술	
흰깨(으깬 것) ··············· 2큰술	

1 줄기콩은 꼭지를 제거하고 어슷썰기한다. 냄비에 물과 소금 (약간, 분량 외)을 넣고 끓어오르면 줄기콩을 2분간 데친 다음 체에 밭쳐 물기를 뺀다. 자차이는 잘게 다진다.

2 볼에 1, 재료 A를 모두 넣고 버무린 다음 흰깨를 넣어 가볍게 섞는다.

memo 줄기콩 특유의 식감이 살아있도록 살짝 데치는 것이 중요해요. 자차이의 아삭한 식감도 더했어요.

풋콩 가다랑어포 샐러드

1인분
94
kcal

ingredients (2~3인분)

풋콩(알맹이)	100g
벚꽃새우	1큰술(5g)
통 산초	1/2작은술
｜ 참기름	1큰술
A 간장	2작은술
｜ 가다랑어포	1팩(2g)

1 풋콩은 껍질째 끓는 물에 넣고 3~4분간 삶은 다음 체로 건
   져 껍질을 벗기고 얇은 막을 제거한다. 벚꽃새우는 굵게 다
   진다. 통 산초는 그라인더로 간다.
2 볼에 1, 재료 A를 모두 넣고 섞는다.

memo 벚꽃새우는 굵게 다진 다음 풋콩과 섞어야 풍미가 깊어져요. 가다
랑어포를 가득 넣어 감칠맛이 깊고 진하답니다.

아시아풍 콩나물무침

1인분
55
kcal

ingredients (2~3인분)

콩나물 ················· 1봉지(200g)	
참기름 ····················· 1큰술	
남플라 ·················· 2작은술	
A 치킨스톡(과립) ······· 1/2작은술	
두반장 ··············· 1/2작은술	
고추기름 ············· 1/2작은술	

1 냄비에 물과 소금(약간, 분량 외)을 넣고 끓어오르면 콩나물을 1분~1분 30초간 데친 다음 체에 밭쳐 물기를 뺀다.

2 볼에 1, 재료 A를 모두 넣고 섞는다.

memo 남플라와 참기름으로 손쉽게 아시아 풍미를 냈어요. 매콤함을 더해도 좋아요.

우엉 김치 샐러드

ingredients (2~3인분)

우엉 ············· 1과 1/3개(200g)	
생강 ························ 2톨(12g)	
김치 ···························· 50g	
참기름 ······················ 1큰술	
굴소스 ······················ 1큰술	
소금 ························· 약간	
검은깨(볶은 것) ········· 1/2작은술	

1 우엉은 두껍게 어슷썰기한다. 생강은 채썰기한다. 김치는 적당한 크기로 썬다.

2 프라이팬에 참기름을 두르고 우엉, 생강을 넣어 중간 불에서 볶다가 우엉이 부드러워지면 굴소스, 소금을 넣는다. 불을 끄고 김치를 넣고 섞은 다음 그릇에 담고 검은깨를 뿌린다.

memo 우엉을 잘 볶으면 부드럽고 포슬포슬한 식감이 된답니다. 김치의 매콤함이 어우러져 특별한 맛을 내요.

토란 샐러드

1인분
143
kcal

ingredients (2〜3인분)

토란(작은 것) …………… 7개(280g)
참치 통조림(마일드) ……… 1캔(75g)

A
│ 마요네즈 ……………… 2큰술
│ 간장 ………………… 1작은술
│ 미소된장 …………… 1작은술
│ 흰깨(으깬 것) ………… 2작은술

1 토란은 껍질을 벗기고 소금(약간, 분량 외)을 뿌린 다음 물로 씻어 미끄러운 점액을 제거한다. 끓는 물에서 젓가락이 쑥 들어갈 때까지 10~12분간 삶은 다음 뜨거울 때 으깬다. 참치는 물기를 뺀다.

2 볼에 1, 재료 A를 모두 넣고 골고루 섞는다.

memo 토란을 삶아 으깨면 식감이 생겨 맛이 좋아요. 토란의 갈락탄 성분
은 뇌세포를 활성화하고 건망증 예방에도 효과적이에요.

토마토 카망베르치즈 가다랑어포 샐러드

ingredients (2〜3인분)

토마토	1개(100g)
카망베르치즈	3조각(60g)
간장	2작은술
A 가다랑어포	1/2팩(1g)
참기름	1작은술

1 토마토는 세로로 8등분하여 빗모양썰기한다. 카망베르치즈
　는 먹기 좋은 크기로 썬다. 재료 A를 모두 섞는다.

2 그릇에 토마토, 카망베르치즈를 담고 준비한 A를 올린다.

memo 가다랑어포와 카망베르치즈 두 재료가 동서양의 조화를 이루며 감
　　　칠맛을 내요. 만들기도 간편하답니다.

오크라 흰깨 미소된장 샐러드

1인분
67
kcal

ingredients (2〜3인분)

오크라 ························· 12개	
땅콩 ··························· 2큰술	
A	생강 ······················ 1톨(6g)
	미소된장 ········· 1과 1/2큰술
	두유(무조정) ··············· 1큰술
	흰깨(으깬 것) ·············· 1큰술

1 오크라는 소금(약간, 분량 외)을 골고루 뿌리고 도마에 굴려 잔털을 제거한 다음 물로 씻는다. 냄비에 넉넉한 물을 넣고 끓어오르면 오크라를 2분간 데친 다음 체에 밭쳐 물기를 빼고 길게 2등분한다. 땅콩은 굵게 다진다.

2 재료 A의 생강은 잘게 다진 다음 재료 A를 모두 섞는다.

3 볼에 1, 준비한 A를 모두 넣고 버무린다.

memo 굵게 다진 땅콩이 샐러드의 식감을 결정하는 포인트예요.

4가지 버섯으로 만드는 다양한 샐러드

4가지 버섯으로 만드는 각양각색의 샐러드를 소개할게요. 같은 재료를 사용해도 다양하게 즐길 수 있어요.

새송이버섯 1봉지는 50g, 만가닥버섯, 잎새버섯 1팩은 100g이에요.

❶ 허브 비니거 샐러드

ingredients (만들기 쉬운 분량)

새송이버섯 ························	1봉지
표고버섯 ··························	4개
만가닥버섯 ······················	1팩
잎새버섯 ··························	1팩
발사믹식초 ·············	3큰술
올리브오일 ·············	2큰술
로즈마리 ···············	1줄기
A 간장 ····················	2작은술
꿀 ························	2작은술
소금 ····················	약간
흑후추(굵게 간 것) ·········	약간

1 새송이버섯은 길게 2등분하고 가로로 2mm 두께로 썬다. 표고버섯은 기둥을 제거하고 가로로 4등분한다. 만가닥버섯, 잎새버섯은 밑동을 제거하고 먹기 좋은 크기로 나눈다.

2 끓는 물에 새송이버섯, 표고버섯, 만가닥버섯, 잎새버섯을 넣고 1분간 데친 다음 체에 밭쳐 물기를 뺀다.

3 다른 냄비에 재료 A를 모두 넣고 한소끔 끓여 체온 정도로 식힌 다음 2를 넣고 섞는다. 밀폐 용기에 담아 냉장실에서 1시간 이상 재운다.

❷ 일식 마리네이드

ingredients (2~3인분)

새송이버섯 ·····················	1봉지
표고버섯 ·························	4개
만가닥버섯 ······················	1팩
잎새버섯 ··························	1팩
생강 ·················	2톨(12g)
폰즈소스 ·············	4큰술
A 흰깨(볶은 것) ··········	1큰술
참기름 ···············	1큰술

1 새송이버섯은 길게 2등분하고 가로로 2mm 두께로 썬다. 표고버섯은 기둥을 제거하고 가로로 4등분한다. 만가닥버섯, 잎새버섯은 밑동을 제거하고 먹기 좋은 크기로 나눈다. 재료 A의 생강은 잘게 다진 다음 재료 A를 모두 섞는다.

2 끓는 물에 새송이버섯, 표고버섯, 만가닥버섯, 잎새버섯을 넣고 1분간 데친 다음 체에 밭쳐 물기를 뺀다.

3 밀폐 용기에 2, 준비한 A를 넣고 섞은 다음 냉장실에서 1시간 이상 재운다.

❸ 허니 남플라 샐러드

1인분
73
kcal

ingredients (2~3인분)

새송이버섯 ························ 1봉지
표고버섯 ························· 4개
만가닥버섯 ······················ 1팩
잎새버섯 ························· 1팩

A
마늘 ······················· 1톨(6g)
홍고추 ······················· 1개
남플라 ····················· 2큰술
레몬즙 ····················· 2큰술
꿀 ························· 1큰술
참기름 ···················· 2작은술

1 새송이버섯은 길게 2등분하고 가로로 2mm 두께로 썬다. 표고
버섯은 기둥을 제거하고 가로로 4등분한다. 만가닥버섯, 잎새버
섯은 밑동을 제거하고 먹기 좋은 크기로 나눈다. 재료 A의 마늘
은 잘게 다지고 홍고추는 씨를 빼고 송송 썬 다음 재료 A를 모
두 섞는다.

2 끓는 물에 새송이버섯, 표고버섯, 만가닥버섯, 잎새버섯을 넣고
1분간 데친 다음 체에 밭쳐 물기를 뺀다.

3 밀폐 용기에 2, 준비한 A를 넣고 섞은 다음 냉장실에서 1시간
이상 재운다.

❹ 두반장 샐러드

1인분
105
kcal

ingredients (2~3인분)

새송이버섯 ························ 1봉지
표고버섯 ························· 4개
만가닥버섯 ······················ 1팩
잎새버섯 ························· 1팩

A
마늘 ······················· 1톨(6g)
간장 ······················· 1큰술
쌀식초 ····················· 2큰술
참기름 ····················· 2큰술
흰깨(볶은 것) ··············· 1큰술
치킨스톡(과립) ·········· 1작은술
두반장 ···················· 1작은술

1 새송이버섯은 길게 2등분하고 가로로 2mm 두께로 썬다. 표고
버섯은 기둥을 제거하고 가로로 4등분한다. 만가닥버섯, 잎새버
섯은 밑동을 제거하고 먹기 좋은 크기로 나눈다. 재료 A의 마늘
은 잘게 다진 다음 재료 A를 모두 섞는다.

2 끓는 물에 새송이버섯, 표고버섯, 만가닥버섯, 잎새버섯을 넣고
1분간 데친 다음 체에 밭쳐 물기를 뺀다.

3 밀폐 용기에 2, 준비한 A를 넣고 섞은 다음 냉장실에서 1시간
이상 재운다.

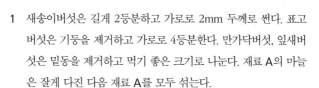

몸이 가벼워지는 습관

하루 한 끼, 샐러드 200

1판 1쇄 인쇄 2019년 4월 26일
1판 1쇄 발행 2019년 5월 13일

지은이 에다준
옮긴이 김유미

발행인 양원석
본부장 김순미
편집장 차선화
책임편집 윤미희
디자인 RHK 디자인팀 마가림, 김미선
해외저작권 최푸름
제작 문태일, 안성현
영업마케팅 최창규, 김용환, 정주호, 양정길, 이은혜, 신우섭,
조아라, 김유정, 유가형, 임도진, 정문희, 신예은

펴낸 곳 ㈜알에이치코리아
주소 서울시 금천구 가산디지털2로 53, 20층 (가산동, 한라시그마밸리)
편집문의 02-6443-8854 **구입문의** 02-6443-8838
홈페이지 http://rhk.co.kr
등록 2004년 1월 15일 제2-3726호

ISBN 978-89-255-6647-4 (13590)